1年生で ならった こと①

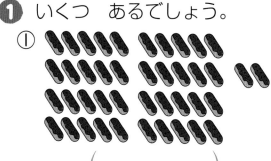

❶ いくつ あるでしょう。

①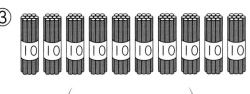

（　　　　　　）こ 　　　　　（　　　　　　）本

③ 　　　　　　　　　　　　　④

（　　　　　　）本 　　　　　（　　　　　　）本

❷ □に あてはまる 数を かきましょう。　　　24点(1つ4)

① 10を 4こと 1を 7こ あわせた 数は □ です。

② 38は 10を □ こと、1を □ こ あわせた 数です。

③ 82の 十のくらいは □ 、一のくらいは □ です。

④ 十のくらいが 4で、一のくらいが 5の 数は □ です。

❸ に あてはまる 数を かきましょう。　　　16点(1つ4)

① | 59 | □ | 61 | □ | 63 |

② | 70 | □ | 50 | 40 | □ |

④ 数が 大きい ほうに ○を かきましょう。　　12点(1つ4)

① 30 (　　)　　② 49 (　　)　　③ 98 (　　)
　 20 (　　)　　　 51 (　　)　　　 89 (　　)

⑤ 下の 絵を 見て 答えましょう。　　8点(1つ4)

① いちばん 長い えんぴつは どれでしょう。　　(　　　　)

② あと 同じ 長さの えんぴつは どれでしょう。(　　　　)

⑥ 何時何分でしょう。　　12点(1つ4)

① (　　　　)　　② (　　　　)　　③ (　　　　)

⑦ ◢ が 何まいで できて いるでしょう。　　12点(1つ4)

① (　　　　)　　② (　　　　)　　③ (　　　　)

2 1年生で ならった ことの まとめだよ。③の ②は、10ずつ 小さく なって いるね。⑤は、ますの いくつ分かを 数えてから 答えよう。

月 日	時 分～ 時 分
名前	点

❶ 立って いる 人は 前から 何番目でしょう。また、うしろか ら 何番目でしょう。 8点(1つ4)

前から [　] 番目、うしろから [　] 番目

❷ [　]に あてはまる 数を かきましょう。 16点(1つ4)

① 79より 1 大きい 数は [　]

② 100より 2 小さい 数は [　]

③ 80は 10を [　] こ あつめた 数です。

④ 100を 1こ、10を 1こ、1を 6こ あわせた 数は [　] です。

❸ [　]に あてはまる 数を かきましょう。 28点(1つ4)

①

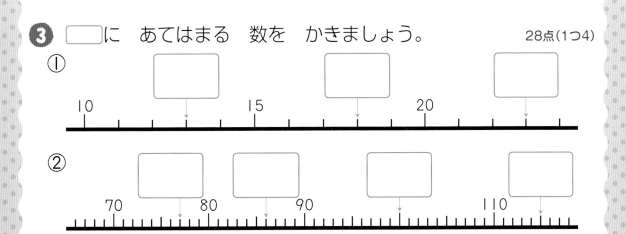

②

4 数が 大きい じゅんに かきましょう。　　12点(1つ4)

① 64、 46、 56 　　　(　　　　　　　　　　　　　)

② 78、 81、 79 　　　(　　　　　　　　　　　　　)

③ 99、 102、 120、 109、 112

　　　(　　　　　　　　　　　　　　　　　　　　)

5 かさが いちばん 多い ものに ○を つけましょう。 8点(1つ4)

①　(　　　)(　　　)(　　　)　　②　(　　　)(　　　)(　　　)

6 長い はりを かきましょう。　　　8点(1つ4)

① 9時半　　　　　　　　　　② 2時45分

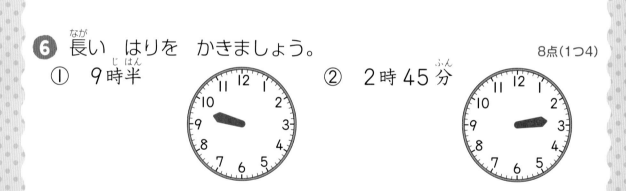

7 つみきと、つみきの そこの 形を 線で むすびましょう。

20点(1つ5)

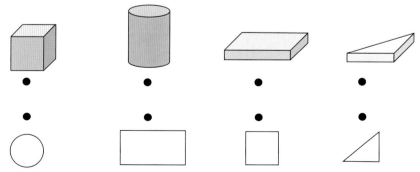

3 100を こえる 数の あらわしかた

❶ 何こ あるでしょう。　　　　　　　　　　　　15点(1つ5)

①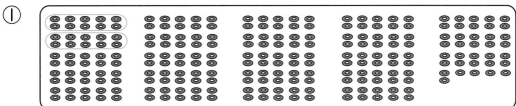

(二百三十六)こ

> 100を 2こ あつめた 数を 二百と いうよ。 二百と 三十六で 二百三十六だね。

②

(　　　　　　　　　　　　)こ

③

(　　　　　　　　　　　　)こ

❷ 二百四十三を 数字で かきましょう。　　　12点(1つ3)

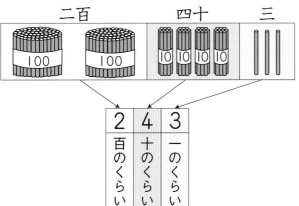

2	4	3
百のくらい	十のくらい	一のくらい

二百四十三は

100を [2]こ

10を [　]こ

1を [　]こ

あわせた 数で、[　] と かきます。

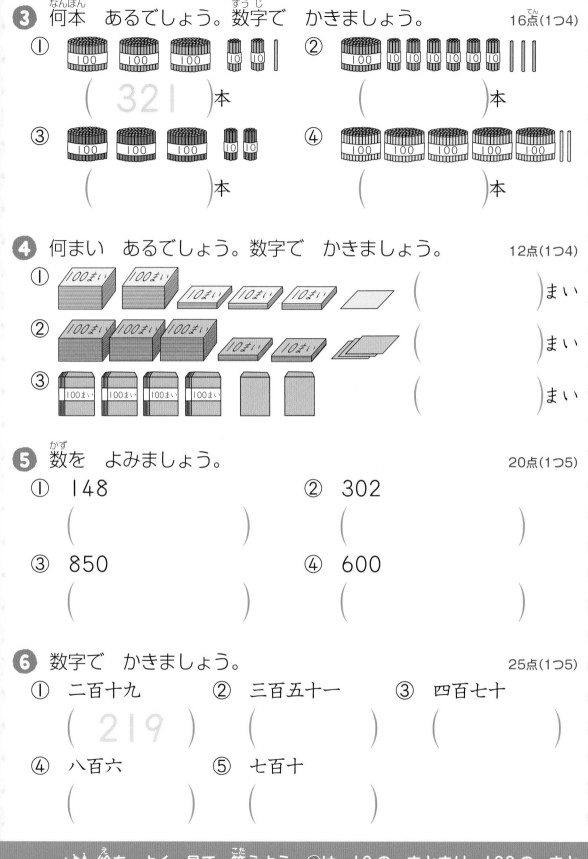

3 何本 あるでしょう。数字で かきましょう。　16点(1つ4)

① (321)本　　② ( )本

③ ( )本　　④ ( )本

4 何まい あるでしょう。数字で かきましょう。　12点(1つ4)

① ( )まい

② ( )まい

③ ( )まい

5 数を よみましょう。　20点(1つ5)

① 148　　② 302

( )　　( )

③ 850　　④ 600

( )　　( )

6 数字で かきましょう。　25点(1つ5)

① 二百十九　　② 三百五十一　　③ 四百七十

(219)　　( )　　( )

④ 八百六　　⑤ 七百十

( )　　( )

絵を よく 見て 答えよう。①は 10の まとまり、100の まとまりごとに 線で かこんで いくと わかりやすいよ。

4 100を こえる 数の しくみ

1 つぎの 数を かきましょう。　　　　　　　24点(1つ4)

① 100を 7こ あつめた 数　　　　　　(700)

② 100を 5こ、10を 9こ あわせた 数 (590)

③ 100を 2こ、1を 3こ あわせた 数 (　　　)

④ 100を 9こ、1を 6こ あわせた 数 (　　　)

⑤ 100を 3こ、10を 4こ、1を 6こ あわせた 数
　　　　　　　　　　　　　　　　　　　(　　　)

⑥ 100を 5こ、10を 9こ、1を 2こ あわせた 数
　　　　　　　　　　　　　　　　　　　(　　　)

2 つぎの 数の 百のくらい、十のくらい、一のくらいの 数字を
かきましょう。　　　　　　　　　　　　36点(1つ2)

① 157　　　　　　　② 493　　　　　　③ 570

百のくらい(1)　　百のくらい(　)　　百のくらい(　)

十のくらい(5)　　十のくらい(　)　　十のくらい(　)

一のくらい(7)　　一のくらい(　)　　一のくらい(　)

④ 608　　　　　　　⑤ 802　　　　　　⑥ 210

百のくらい(　)　　百のくらい(　)　　百のくらい(　)

十のくらい(　)　　十のくらい(　)　　十のくらい(　)

一のくらい(　)　　一のくらい(　)　　一のくらい(　)

❸ **□に あてはまる 数を かきましょう。** 40点(1つ2)

① 348 は 100 を [3] こ、10 を [4] こ、1 を 8こ あわせた 数です。

② 673 は [100] を 6こ、[ ] を 7こ、[ ] を 3こ あわせた 数です。

③ 805 は [ ] を 8こ、[ ] を 5こ あわせた 数です。

④ 百のくらいが 3、十のくらいが 8、一のくらいが 2の 数は [ ] です。

⑤ 197 の 百のくらいは [1]、十のくらいは [9]、一のくらいは [7] です。

⑥ 573 の 百のくらいは [ ]、十のくらいは [ ]、一のくらいは [ ] です。

⑦ 809 の 百のくらいは [ ]、十のくらいは [ ]、一のくらいは [ ] です。

⑧ 640 の 百のくらいは [ ]、十のくらいは [ ]、一のくらいは [ ] です。

数字が 0に なって いる くらいに ちゅういしよう。③の ⑦は 十のくらいが 0、⑧は 一のくらいが 0だよ。

8

5 10が いくつ

点

❶ 10を 23こ あつめた 数は いくつでしょう。
　□に あてはまる 数を かきましょう。　　　12点(1つ4)

💬 🪙が 10こで
🪙に なるね。

10が 20こで 200 、10が 3こで 30

だから、10を 23こ あつめた 数は □ です。

❷ □に あてはまる 数を かきましょう。　　　32点(1つ4)

① 10を 36こ あつめた 数は 360 です。

② 10を 29こ あつめた 数は □ です。

③ 10を 42こ あつめた 数は □ です。

④ 10を 17こ あつめた 数は □ です。

⑤ 10を 81こ あつめた 数は □ です。

⑥ 10を 30こ あつめた 数は □ です。

⑦ 10を 70こ あつめた 数は □ です。

⑧ 10を 90こ あつめた 数は □ です。

❸ 420は 10を 何こ あつめた 数でしょう。

□に あてはまる 数を かきましょう。　　　　12点(1つ4)

400は 10が [40] こ、

20は 10が □ こ。

だから、420は 10を □ こ あつめた 数です。

❹ □に あてはまる 数を かきましょう。　　　　44点(1つ4)

① 380は 10を [38] こ あつめた 数です。

② 560は 10を □ こ あつめた 数です。

③ 270は 10を □ こ あつめた 数です。

④ 400は 10を □ こ あつめた 数です。

⑤ 700は 10を □ こ あつめた 数です。

⑥ 900は 10を □ こ あつめた 数です。

⑦ 10を □ こ あつめた 数は 510です。

⑧ 10を □ こ あつめた 数は 640です。

⑨ 10を □ こ あつめた 数は 980です。

⑩ 10を □ こ あつめた 数は 200です。

⑪ 10を □ こ あつめた 数は 800です。

10が 10こで 100、10が 20こで 200、……と 考えると わかりやすいよ。

点

6 1000と いう 数

❶ □に あてはまる 数を かきましょう。　　　8点(1つ4)

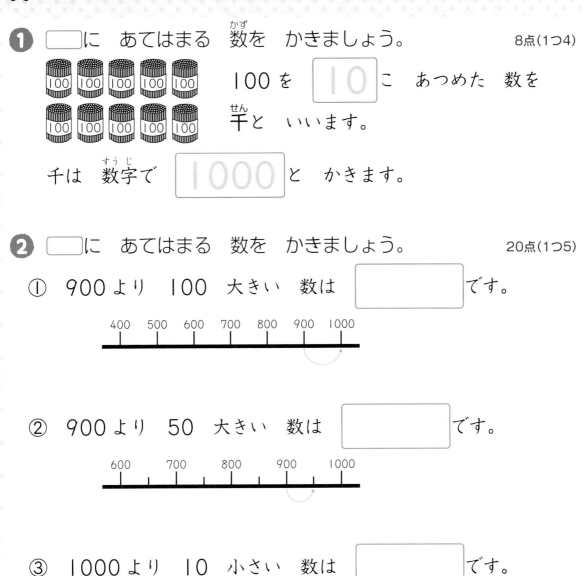

100を 10に あつめた 数を 千と いいます。

千は 数字で 1000と かきます。

❷ □に あてはまる 数を かきましょう。　　　20点(1つ5)

① 900より 100 大きい 数は □ です。

```
400  500  600  700  800  900  1000
```

② 900より 50 大きい 数は □ です。

```
600   700   800   900   1000
```

③ 1000より 10 小さい 数は □ です。

```
900      950      1000
```

④ 1000より 1 小さい 数は □ です。

```
985     990     995     1000
```

❸ ☐に あてはまる 数を かきましょう。　　　72点(1つ6)

① 1000 は 100 を ☐ こ あつめた 数です。

② 1000 は 10 を ☐ こ あつめた 数です。

③ 1000 は ☐ を 10 こ あつめた 数です。

④ 1000 より 100 小さい 数は ☐ です。

⑤ 1000 より 1 小さい 数は ☐ です。

⑥ 999 は あと ☐ で 1000 です。

⑦ 980 は あと ☐ で 1000 です。

⑧ 900 より ☐ 大きい 数は 1000 です。

⑨ 990 より ☐ 大きい 数は 1000 です。

⑩ ☐ より 50 大きい 数は 1000 です。

⑪ 1000 より ☐ 小さい 数は 995 です。

⑫ 1000 より ☐ 小さい 数は 950 です。

100は 10を 10こ あつめた 数だったね。だから、1000は 10を 100こ あつめた 数に なるね。

7 1000までの 数の 大小

1 下の 数の線に、つぎの 数を ↓で かき入れましょう。

8点(1つ2)

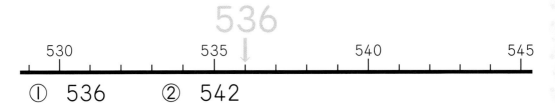

　　① 536　　② 542

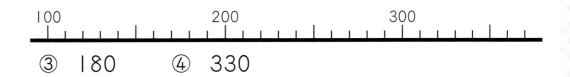

　　③ 180　　④ 330

2 □に あてはまる 数を かきましょう。

20点(1つ2)

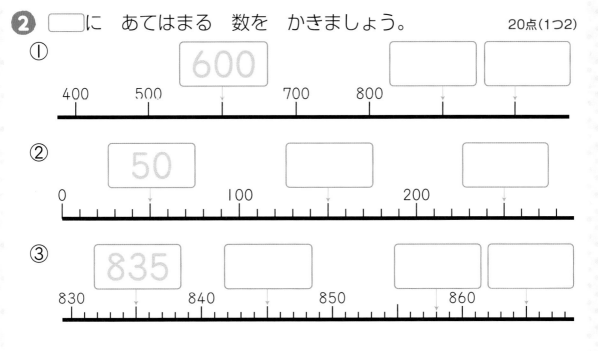

① 600

400　500　700　800

② 50

0　100　200

③ 835

830　840　850　860

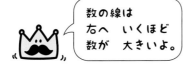

数の線は
左へ いくほど
数が 大きいよ。

1目もりが
いくつに
なるか
考えよう。

13

❸ ＞、＜を つかって、数の 大小を しきに あらわす ことが
できます。つぎの □に ＞か ＜を かきましょう。　33点(1つ3)

① 300 ＜ 400　② 800 □ 700

③ 200 □ 300　④ 500 □ 450

⑤ 350 □ 250　⑥ 380 □ 480

⑦ 290 □ 300　⑧ 180 □ 200

⑨ 175 □ 165

⑩ 237 □ 247

> 5＞3 …… 大＞小
> 2＜3 …… 小＜大
> と いうように あらわすよ。

⑪ 790 □ 788

❹ □に あてはまる 数を かきましょう。　39点(1つ3)

① 400 500 600 700 800 □ □

② 255 260 □ 270 275 □ 285

③ 994 995 □ 997 998 □

④ 320 330 □ 350 360 370 □

⑤ 685 □ 683 □ 681 680 □

数の 大小を くらべる ときは、大きい くらいの 数字から じゅん
に くらべよう。百のくらいが 同じ ときは、十のくらいを くらべるよ。

8 1000を こえる 数

名前

① 二千三百四十六を 数字で かきましょう。　16点(1つ4)

| 二千 | 三百 | 四十 | 六 |

2	3	4	6
千のくらい	百のくらい	十のくらい	一のくらい

二千三百四十六は、1000を [2] こ、100を [　] こ、

10を [　] こ、1を [　] こ あわせた 数で、2346と

かきます。

② 数字で かきましょう。　9点(1つ3)

① 二千八百十九　② 四千七百五十二　③ 千五百六十三

(　　　)　(4752)　(　　　)

③ 数を よみましょう。　6点(1つ3)

① 7348　　② 5904

(　　　)　(　　　)

④ つぎの 数を 数字で かきましょう。　9点(1つ3)

① 1000を 5こ、100を 9こ あわせた 数 (5900)

② 1000を 8こ、10を 6こ あわせた 数 (　　　)

③ 1000を 2こ、100を 3こ、10を 9こ、1を 4こ
あわせた 数 (　　　)

5 □に あてはまる 数を かきましょう。

① 8736 は 1000 を 8 こ、100 を 7 こ、10 を 3 こ、1 を 6 こ あわせた 数です。

② 6027 は ☐ を 6こ、☐ を 2こ、☐ を 7こ あわせた 数です。

③ 8504 は ☐ を 8こ、☐ を 5こ、☐ を 4こ あわせた 数です。

④ 千のくらいが 3、百のくらいが 6、十のくらいが 7、一のくらいが 2の 数は ☐ です。

⑤ 千のくらいが 2、百のくらいが 9、一のくらいが 5の 数は ☐ です。

⑥ 4890の 千のくらいは ☐ 、百のくらいは ☐ 、十のくらいは ☐ 、一のくらいは ☐ です。

⑦ 5028の 千のくらいは ☐ 、百のくらいは ☐ 、十のくらいは ☐ 、一のくらいは ☐ です。

どの くらいの 数が いくつ あるかを 考えよう。

⑤の ②で 6027は、百のくらいが 0に なって いる ことに ちゅういしよう。大きい 数は、くらいを よく 考える ことが 大切だよ。

9 100が いくつ

❶ 100を 26こ あつめた 数は いくつでしょう。

　□に あてはまる 数を かきましょう。　　　　15点(1つ5)

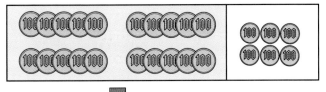

100が 10こで 千円 だよ。

100が 20こで 〔 2000 〕、

100が 6こで 〔 600 〕

だから、100を 26こ あつめた 数は 〔　　　　〕です。

❷ □に あてはまる 数を かきましょう。　　　　30点(1つ5)

① 100を 52こ あつめた 数は 〔 5200 〕です。

② 100を 34こ あつめた 数は 〔　　　　〕です。

③ 100を 19こ あつめた 数は 〔　　　　〕です。

④ 100を 80こ あつめた 数は 〔　　　　〕です。

⑤ 100を 60こ あつめた 数は 〔　　　　〕です。

⑥ 100を 70こ あつめた 数は 〔　　　　〕です。

❸ 3400 は 100 を 何こ あつめた 数でしょう。

□に あてはまる 数を かきましょう。

3000 は 100 が ⟨30⟩ こ、400 は 100 が □ こ。

だから、3400 は 100 を □ こ あつめた 数です。

❹ □に あてはまる 数を かきましょう。   40点(1つ5)

① 2800 は 100 を ⟨28⟩ こ あつめた 数です。

また、10 を ⟨280⟩ こ あつめた 数です。

② 5900 は 100 を □ こ あつめた 数です。

また、10 を □ こ あつめた 数です。

③ 3000 は 100 を □ こ あつめた 数です。

また、10 を □ こ あつめた 数です。

④ 9000 は 100 を □ こ あつめた 数です。

また、10 を □ こ あつめた 数です。

10が 10こで 100、100が 10こで 1000だよ。また、10が 100こで 1000に なる ことも しっかり りかいして おこう。

10 10000と いう 数

点

❶ 絵を 見て □に あてはまる 数を かきましょう。

8点(1つ4)

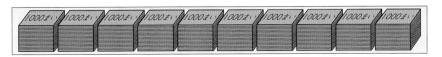

1000 を 10 こ あつめた 数を 一万と いいます。

一万を 数字で かくと、 10000 です。

❷ □に あてはまる 数を かきましょう。

20点(1つ5)

① 10000 より 1 小さい 数は 9999 です。

② 10000 より 10 小さい 数は □ です。

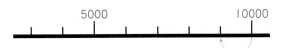

③ 10000 より 1000 小さい 数は □ です。

④ 9995 は あと □ で 10000 に なります。

3 □に あてはまる 数を かきましょう。

① 10000 は 1000 を [   ] こ あつめた 数です。

② 10000 は 100 を [   ] こ あつめた 数です。

③ 10000 は [   ] を 10こ あつめた 数です。

④ 10000 は [   ] を 100こ あつめた 数です。

⑤ 10000 より 1000 小さい 数は [   ] です。

⑥ 10000 より 100 小さい 数は [   ] です。

⑦ 10000 より 1 小さい 数は [   ] です。

⑧ 9999 は あと [   ] で 10000 です。

⑨ 9980 は あと [   ] で 10000 です。

⑩ 9900 より [   ] 大きい 数は 10000 です。

⑪ [   ] より 500 大きい 数は 10000 です。

⑫ 10000 より [   ] 小さい 数は 9950 です。

🐱 1000 は 100 を 10こ あつめた 数だったね。だから、10000 は 1000 を 10こ あつめた 数に なるね。

11 10000までの 数の 大小

1 下の 数の線に、つぎの 数を ↓で かき入れましょう。

8点(1つ2)

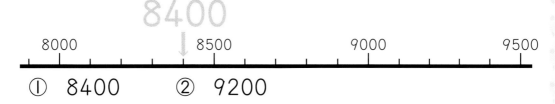

8400

8000　　　　　　　8500　　　　　　9000　　　　　　　9500

① 8400　　② 9200

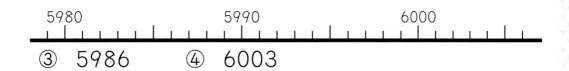

5980　　　　　　5990　　　　　　6000

③ 5986　　④ 6003

2 □に あてはまる 数を かきましょう。

20点(1つ2)

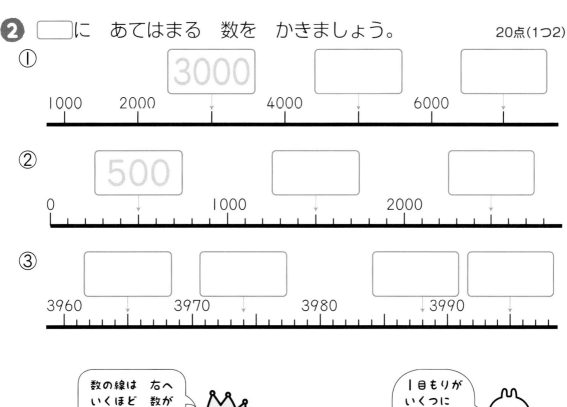

①

3000

1000　2000　　　4000　　　6000

②

500

0　　　　1000　　　　2000

③

3960　　　3970　　　3980　　　3990

数の線は 右へ
いくほど 数が
大きく なるね。

1目もりが
いくつに
なるか
考えよう。

❸ つぎの □に ＞か ＜を かきましょう。 33点(1つ3)

① 3000 ＜ 4000

② 5000 □ 6000

③ 7200 □ 6200

④ 8900 □ 9800

⑤ 4300 □ 3400

⑥ 9000 □ 8800

⑦ 1820 □ 1850

⑧ 3480 □ 3520

⑨ 5973 □ 6002

⑩ 4023 □ 4029

⑪ 3186 □ 3185

❹ □に あてはまる 数を かきましょう。 39点(1つ3)

① 4000 5000 6000 7000 □ 9000

② 3550 3560 □ 3580 □ 3600

③ 9981 9982 □ □ 9985 □

④ 1700 □ 1900 □ 2100 □

⑤ 6857 6858 □ □ 6861 □

数の 大小を くらべる ときは、大きい くらいの 数字から じゅんに くらべよう。千のくらいが 同じ ときは、百のくらいを くらべるよ。

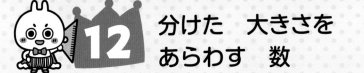
❶ つぎの □ に あてはまる 数や ことばを かきましょう。

20点(1つ4)

ピザを 半分に します。半分の ピザは もとの ピザを 2つに 同じように 分けた 大きさの 1つ分なので、もとの 大きさの

| 2分の1 | と いい、| 1/2 | とかきます。

→にぶんのいち と よみます。

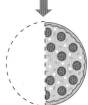

また、左下の 図の ピザは 4つに 同じように 分けた 大きさの 1つ分なので、もとの 大きさの

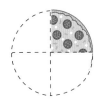

| | と いい、| | と

かきます。このような 数を | 分数 | と いいます。

❷ ○を もとの 大きさと する とき、色を ぬった ところの 大きさを 分数で あらわしましょう。

15点(1つ5)

①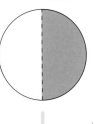

(1/2)

②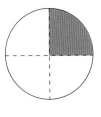

( )

③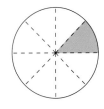

( )

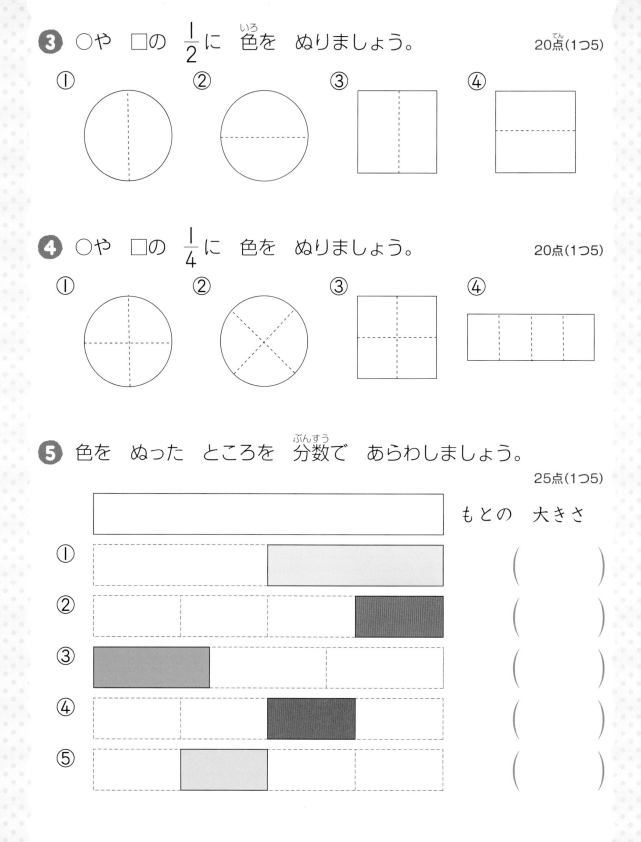

3 ○や □の $\frac{1}{2}$に 色を ぬりましょう。　　　　　20点(1つ5)

① ② ③ ④

4 ○や □の $\frac{1}{4}$に 色を ぬりましょう。　　　　　20点(1つ5)

① ② ③ ④

5 色を ぬった ところを 分数で あらわしましょう。

25点(1つ5)

もとの 大きさ

① (　　　)

② (　　　)

③ (　　　)

④ (　　　)

⑤ (　　　)

2つに 同じように 分けた 大きさの 1つ分が $\frac{1}{2}$だったね。⑤の③は、3つに 分けた 1つ分だから、3分の1だよ。分数で かいてみよう。

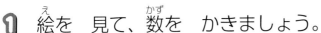

13 まとめの テスト

1 絵を 見て、数を かきましょう。　　　　　　　　12点(1つ4)

①

（　　　　　　　）本

②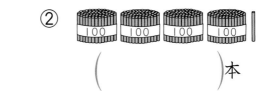

（　　　　　　　）本

③

（　　　　　　　）まい

2 数字で かきましょう。　　　　　　　　12点(1つ4)

① 四百三十一　　　② 八百七　　　③ 二千三百

（　　　　）　　（　　　　）　　（　　　　）

3 つぎの 数を かきましょう。　　　　　　　　20点(1つ4)

① 100を 6こ、10を 2こ あわせた 数　（　　　　　）

② 100を 9こ、1を 5こ あわせた 数　（　　　　　）

③ 100を 10こ あつめた 数　（　　　　　）

④ 1000を 3こ、100を 2こ、10を 6こ、1を 7こ
あわせた 数　（　　　　　）

⑤ 1000を 10こ あつめた 数　（　　　　　）

4 □に あてはまる 数を かきましょう。　28点(1つ4)

① 3402の 千のくらいは ☐、百のくらいは ☐、

十のくらいは ☐、一のくらいは ☐ です。

② 10を 34こ あつめた 数は ☐ です。

③ 760は 10を ☐ こ あつめた 数です。

④ 5900は 100を ☐ こ あつめた 数です。

5 □に あてはまる 数を かきましょう。　20点(1つ4)

①

```
        [    ]                              [    ]
  2000          3000              4000
  ├──┼──┼──┼──┼──┼──┼──┼──┼──┼──┼──┼──┼──┤
```

②

```
                    [    ]        [    ] [    ]
         9900              9950
  ├──┼──┼──┼──┼──┼──┼──┼──┼──┼──┼──┼──┤
```

6 大きい 数から じゅんに かきましょう。　4点
　5670　5760　5067　5076　5780

(　　　　　　　　　　　　　　　　)

7 色を ぬった ところの 長さが もとの 長さの $\frac{1}{3}$に なっ
て いるのは どれでしょう。　4点

もとの 長さ

あ

い

う

(　　　)

月　　日　　時　分～　時　分
名前

点

① □に　あてはまる　ことばを　かきましょう。　　　　10点(1つ5)

① 3本の　直線で　かこまれて　いる　形を
└まっすぐな　線

三角形　と　いいます。

② 4本の　直線で　かこまれて　いる　形を

四角形　と　いいます。

② 三角形と　四角形に　分けて　きごうで　答えましょう。
10点(1つ5)

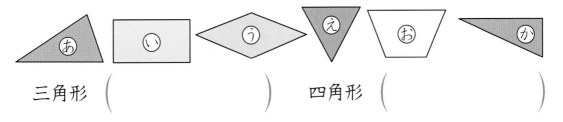

三角形 (　　　　　　　　)　　四角形 (　　　　　　　　)

③ 三角形や　四角形を　ぜんぶ　見つけて、それぞれ　きごうで
答えましょう。　　　　10点(1つ5)

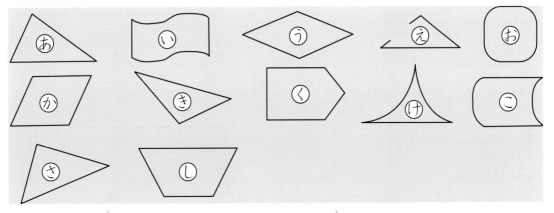

三角形 (　　　　　　　　　　　)

四角形 (　　　　　　　　　　　)

直線で
かこまれて　いるか
たしかめよう。

④ 点と 点を 直線で むすんで、いろいろな 三角形を 3つ
かきましょう。
15点(1つ5)

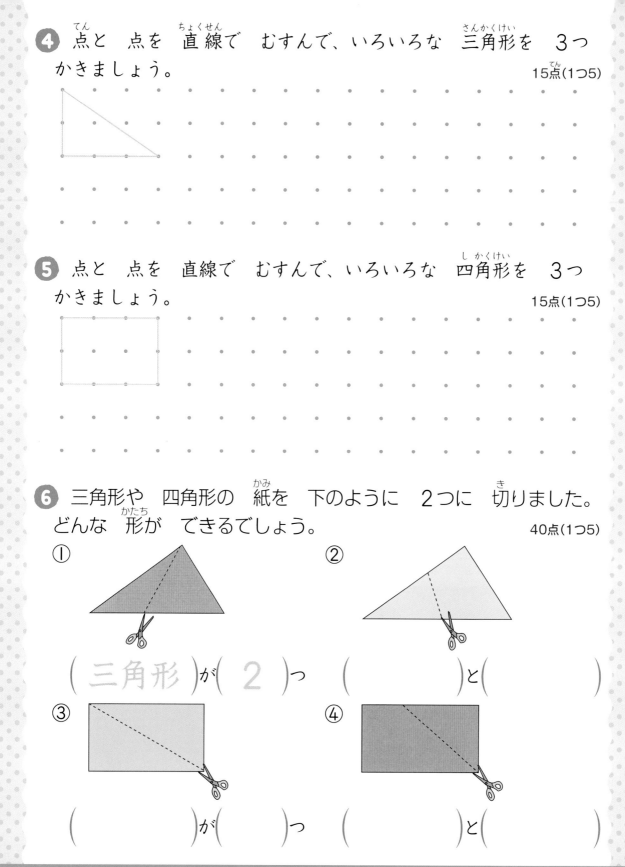

⑤ 点と 点を 直線で むすんで、いろいろな 四角形を 3つ
かきましょう。
15点(1つ5)

⑥ 三角形や 四角形の 紙を 下のように 2つに 切りました。
どんな 形が できるでしょう。
40点(1つ5)

①

②

(三角形)が(2)つ　　( )と( )

③

④

( )が( )つ　　( )と( )

⑥ 四角形の むかいあった かどから かどに 線を ひいて 切ると、
三角形が 2つ できるよ。じっさいに 紙を 切って たしかめてみよう。

15 三角形、四角形さがし

月　　日　　時　分〜　時　分
名前

点

1 直線を 1本 ひいて、つぎの 形を つくりましょう。

30点(1つ5)

① 三角形を 2つ

② 三角形と 四角形

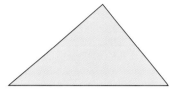

③ 三角形を 2つ

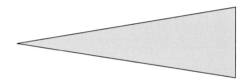

④ 三角形を 2つ

⑤ 四角形を 2つ

⑥ 三角形と 四角形

2 下のように おった 紙を 切って できる 三角形を 広げると、どんな 形が できるでしょう。

10点

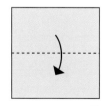

2つに おる　　　2つに おる　　切りとる　広げる

(　　　　　　)

❸ 右のような 三角形や 四角形の いたを
つかって、にんぎょうを つくりました。
それぞれ いくつずつ つかったでしょう。

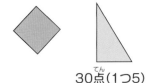

30点(1つ5)

① 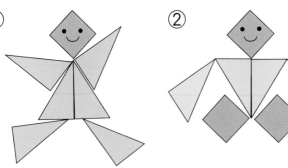　② ③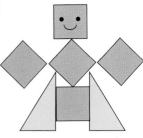

三角形(6こ)　三角形(　　　)　三角形(　　　)

四角形(　　　)　四角形(　　　)　四角形(　　　)

❹ つぎの 絵の 中に 三角形と 四角形は いくつずつ あるで
しょう。

10点(1つ5)

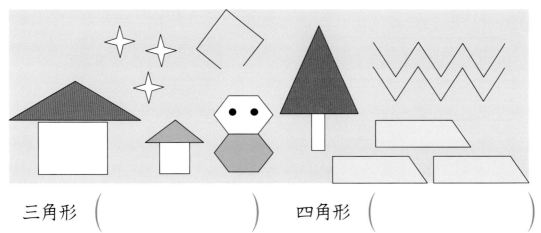

三角形 (　　　)　　　四角形 (　　　)

❺ みの まわりで、三角形や 四角形の 形を した ものを そ
れぞれ 2つずつ かきましょう。

20点(1つ5)

① 三角形 (　　　) (　　　)

② 四角形 (　　　) (　　　)

👑 三角形は 3本の 直線で、四角形は 4本の 直線で すきまなく
かこまれて いるよ。

16 長方形と　正方形

❶ 下のように 紙を おって できた かどの 形を 何と いう でしょう。　4点

（　直角　）

❷ 直角に なって いる かどに ○を つけましょう。40点(1つ5)

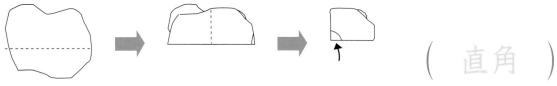

❸ □に あてはまる ことばを かきましょう。　16点(1つ4)

① 四角形の まわりの 直線を 辺 、

かどの 点を □ と いいます。

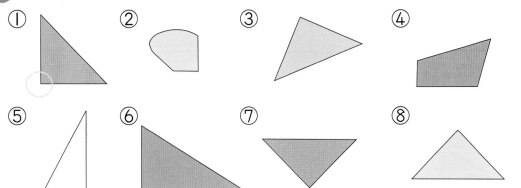

② かどが みんな 直角に なって いる 四角形を

□ と いいます。

③ かどが みんな 直角で、辺の 長さが みんな 同じ 四角形を □ と いいます。

4 つぎの □に あてはまる 数や ことばを かきましょう。

20点(1つ4)

① 長方形には、直角は [4] つ あります。　　長方形

② 長方形には、ちょう点は □ つ あります。

③ 長方形の むかいあった 2つの 辺の 長さは □ です。

④ 正方形には、直角が □ つ あります。　　正方形

⑤ 正方形の 4つの 辺の 長さは □ です。

5 長方形と 正方形を 答えましょう。

10点(1つ5)

長方形 (　　　　　　　)　　正方形 (　　　　　　　)

6 長方形と 正方形を 答えましょう。

10点(1つ5)

長方形 (ア、　　　　)　　正方形 (ウ、　　　　)

👑 長方形を みつける ときは、4つの かどが みんな 直角に なって いる かを しらべよう。正方形は さらに 4つの 辺も みんな 同じ 長さだね。

17 直角三角形

| 月 | 日 | 時 | 分〜 | 時 | 分 |

名前

てん
点

1 □に あてはまる ことばを かきましょう。　　　5点

1つの かどが 直角に なって いる

三角形を　直角三角形　と いいます。

直角

直角三角形

2 下の 三角じょうぎの 直角に なって いる かどに ○を
つけましょう。　　　25点(1つ5)

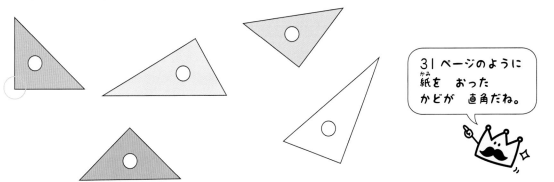

31ページのように
紙を おった
かどが 直角だね。

3 下の 三角形の 中に 直角三角形が 3つ あります。
直角三角形を みつけて きごうで 答えましょう。　　　15点(1つ5)

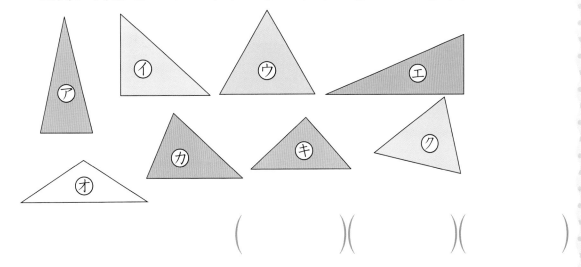

(　　　)(　　　)(　　　)(　　　)

④ 長方形や 正方形を ┈┈ の ところで 切って できる 形を しらべました。どんな 三角形が いくつ できるでしょう。

30点(1つ5)

①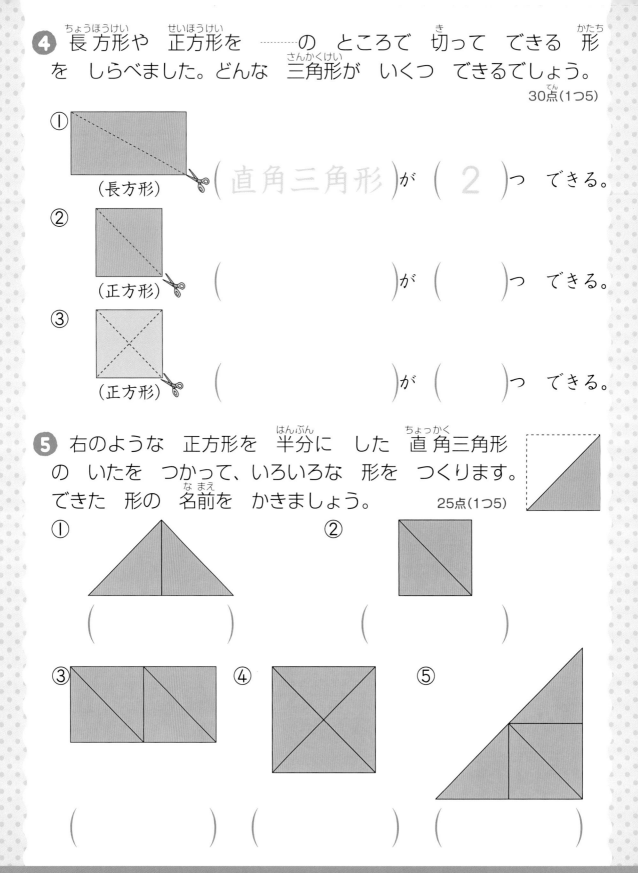

（長方形） （直角三角形）が（ 2 ）つ できる。

② （正方形） （　　　　　　　）が（　　）つ できる。

③ （正方形） （　　　　　　　）が（　　）つ できる。

⑤ 右のような 正方形を 半分に した 直角三角形の いたを つかって、いろいろな 形を つくります。できた 形の 名前を かきましょう。

25点(1つ5)

① （　　　　　　　　　）

② （　　　　　　　　　）

③ （　　　　　　　　　）

④ （　　　　　　　　　）

⑤ （　　　　　　　　　）

直角か どうかは 三角じょうぎを あてて しらべよう。わかりにくいときは、図を かいてんさせて、直角を 下に もって くると いいね。

18 三角形、四角形を つくる

❶ 方がん紙に　いろいろな　大きさの　正方形を　3つ　かきましょう。

18点(1つ6)

❷ 方がん紙に　いろいろな　大きさの　長方形を　3つ　かきましょう。

18点(1つ6)

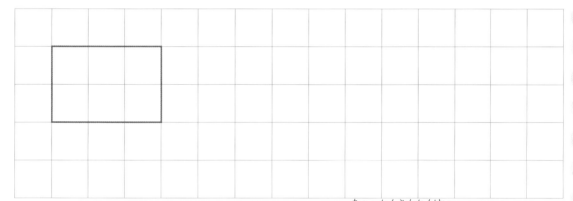

❸ 方がん紙に　いろいろな　大きさの　直角三角形を　4つ　かきましょう。

24点(1つ6)

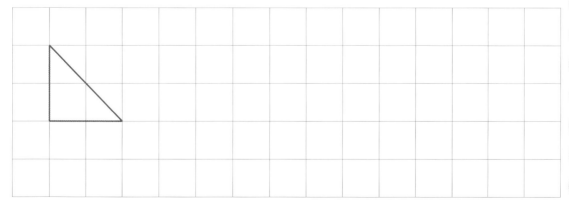

4 方がん紙に ①～④の 形を かきましょう。

① 2つの 辺の 長さが 2cmと 5cmの 長方形
② 2つの 辺の 長さが 3cmと 4cmの 長方形
③ 4つの 辺の 長さが 2cmの 正方形
④ 4つの 辺の 長さが 3cmの 正方形

5 方がん紙に ①～④の 直角三角形を かきましょう。

20点(1つ5)

① 直角になる 2つの 辺の 長さが 2cmと 3cm
② 直角になる 2つの 辺の 長さが 2cmと 4cm
③ 直角になる 2つの 辺の 長さが 3cmと 5cm
④ 直角になる 2つの 辺の 長さが 3cmと 3cm

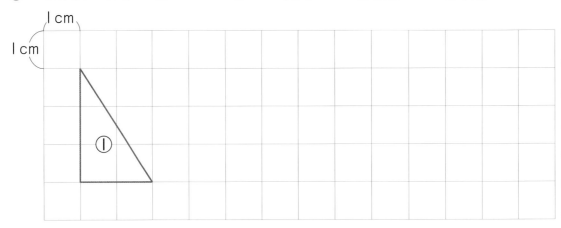

さきに ちょう点の ばしょを きめてから、直線を ひこう。直角は、
方がん紙の ますの かどを つかって かく ことが できるね。

19　三角形と　四角形の　もようづくり

月　日	時　分〜　時　分
名前	
	点

❶ 色紙を　下のように　切りました。　　　　50点(1つ10)

切った　色紙を　2つ　ならべて　できた　形を　答えましょう。

① （　　　　　　）　② （　　　　　　）　③ （　　　　　　）

④ （　　　　　　）　⑤ （　　　　　　）

四角形や　三角形が　できるね。

❷ 右のような　正方形の　色紙を　ならべて、もようを　つくります。もようの　つづきを　かきましょう。　　　10点

❸ 右のような 長方形と 正方形の 色紙を ならべて
もようを つくります。もようの つづきを かきましょ
う。

10点

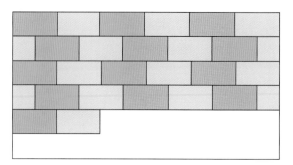

❹ 右のような 直角三角形の 色紙を ならべて
もようを つくります。もようの つづきを かきま
しょう。

10点

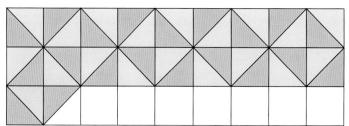

❺ 長方形に 赤、正方形に 青、直角三角形に 黄色を ぬりま
しょう。

20点(1つ10)

①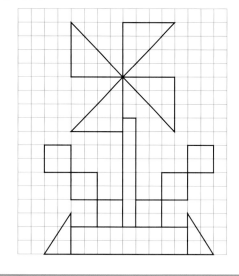

②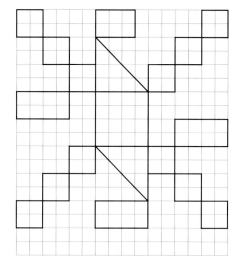

😺 同じ 三角形や 四角形を つかうと すきまなく しきつめる ことが
できるよ。

20 はこの　形

1 はこの　面に　1まいずつ　紙を　はって、きれいな　はこに　します。どんな　形の　紙を　何まい　はれば　よいでしょう。

30点(1つ5)

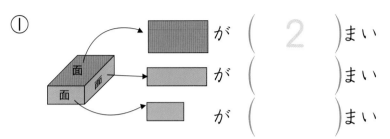

① が（ 2 ）まい

が（ ）まい

が（ ）まい

②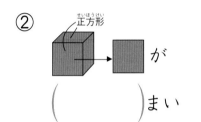

正方形

が

（ ）まい

③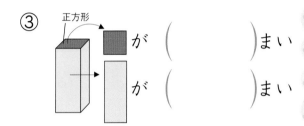

正方形

が（ ）まい

が（ ）まい

2 下の　はこを　見て　もんだいに　答えましょう。　　25点(1つ5)

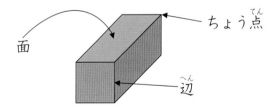

面　　　　　　　　ちょう点

へん
辺

① 面は　どんな　形でしょう。

（ 正方形 ）と（ ）

② 面の　数は　いくつでしょう。　　　　　（ ）

③ 辺の　数は　いくつでしょう。　　　　　（ ）

④ ちょう点の　数は　いくつでしょう。　（ ）

3 どんな はこが できるでしょう。線で むすびましょう。

15点(1つ5)

① 2つずつ 同じ 形　② 2つが 同じ 形、4つが 同じ 形　③ ぜんぶが 同じ 形

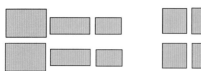 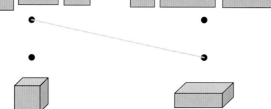

4 つぎの はこには どんな 辺が 何本 あるでしょう。

30点(1つ5)

①

──────── が （ 4 ）本

── が （ 　 ）本

─ が （ 　 ）本

② 正方形

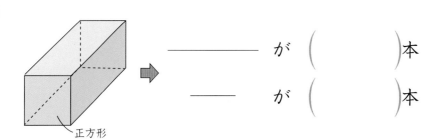

──── が （ 　 ）本

③

正方形

──────── が （ 　 ）本

── が （ 　 ）本

さいころの 形の 6つの 面は、みんな 同じ 大きさの 正方形だね。
12本 ある 辺の 長さも みんな 同じだよ。

21 はこづくり

月　日　　時　分～　時　分
名前

点

❶ あ～おの 紙を つかうと、どの はこが できるでしょう。線
で むすびましょう。

30点(1つ6)

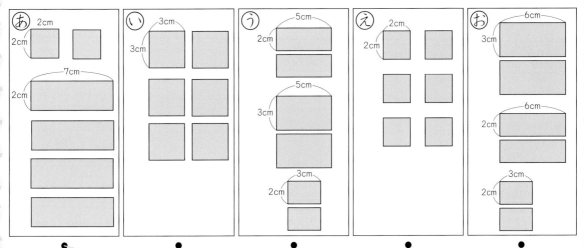

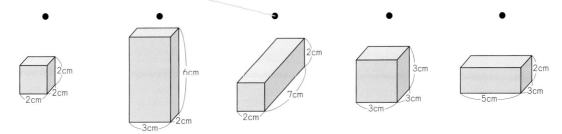

❷ 組み立てると 右のような はこが できる
図を きごうで 答えましょう。

7点

(　　　　)

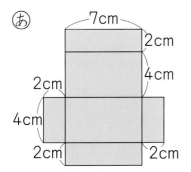

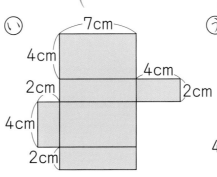

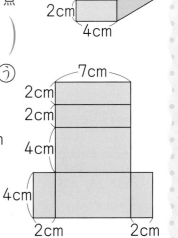

❸ ひごと　ねん土玉を　つかって、さいころの　形を　つくりました。

21点(1つ7)

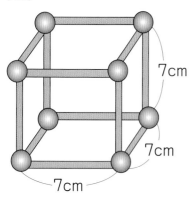

7cm
7cm
7cm

① ねん土玉●は、何こ　いるでしょう。

（　8こ　）

② どんな　長さの　ひごが　何本　いるでしょう。

（　7　）cm の　ひごが

（　　　）本

❹ ひごと　ねん土玉を　つかって、はこの　形を　つくりました。

42点(1つ6)

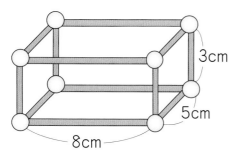

3cm
5cm
8cm

① ねん土玉○は、何こ　いるでしょう。

（　　　　　）

② どんな　長さの　ひごが　何本ずつ　いるでしょう。

（　8　）cm の　ひごが　（　4　）本

（　　　）cm の　ひごが　（　　　）本

（　　　）cm の　ひごが　（　　　）本

同じ　長さの　ひごを　数えよう。

❸、❹は　ねん土玉が　ちょう点で、ひごが　辺だね。同じ　長さの　ひごが　何本ずつ　いるのか　図を　よく　見て　考えよう。

月　日　もくひょう時間 **15**分

名前

点

1 三角形や　四角形を　ぜんぶ　みつけて、それぞれ　きごうで　答えましょう。

10点(1つ5)

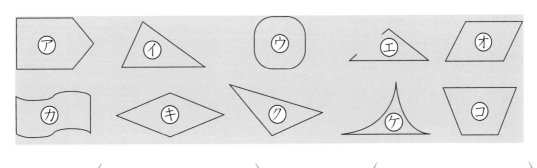

三角形　（　　　　　　　　　　　）　　四角形　（　　　　　　　　　　　）

2 長方形、正方形、直角三角形は　どれでしょう。

15点(1つ5)

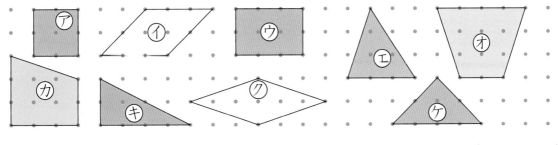

長方形　（　　　　　）　　正方形　（　　　　　）　　直角三角形　（　　　　　）

3 つぎの　形を　1つずつ　かきましょう。

15点(1つ5)

①　長方形　　　　　②　正方形　　　　　③　直角三角形

　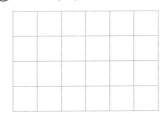　

❹ 右の はこの 形を 見て 答えましょう。　　24点(1つ8)

① 面の 数は いくつでしょう。　　（　　　　　）

② 辺の 数は いくつでしょう。　　（　　　　　）

③ ちょう点の 数は いくつでしょう。（　　　　　）

❺ 下の はこの 形を 見て 答えましょう。　　30点(1つ10)

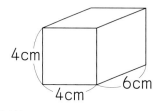

4cm
4cm
6cm

① 長方形の 面の 数は いくつでしょう。（　　　　　）

② 正方形の 面の 数は いくつでしょう。（　　　　　）

③ 4cmの 辺の 数は いくつでしょう。（　　　　　）

❻ つぎの ひごと ねん土玉を ぜんぶ つかって できる はこ
の 形は どれでしょう。　　　　6点

○○○○○○○○ ねん土玉　8こ

＝＝＝　3cmの ひご　8本

＝＝＝＝　7cmの ひご　4本

㋐

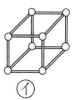
㋑

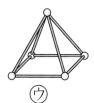
㋒

（　　　　　）

23 時こくと　時間

❶ 下の　時計は　けんたさんが　家を　出た　時こくと　学校に　ついた　時こくを　あらわしています。

15点(1つ5)

① 家を　出た　時こくを　答えましょう。

(8時)

家を　出た　時こく　　学校に　ついた　時こく

② 学校に　ついた　時こくを　答えましょう。　(　　　　　　)

③ 家を　出てから　学校に　つくまでの　時間を　答えましょう。

(15分)

❷ 時計に　ついて、□に　あてはまる　数を　かきましょう。

35点(1つ5)

① 長い　はりが　1目もり　うごく　時間は　| 1 |分です。

② 長い　はりが　2目もり　うごく　時間は　|　　|分です。

③ 長い　はりが　10目もり　うごく　時間は　|　　|分です。

④ 3分で　長い　はりは　|　　|目もり　うごきます。

⑤ 15分で　長い　はりは　|　　|目もり　うごきます。

⑥ 60分で　長い　はりは　|　　|目もり　うごきます。

⑦ 長い　はりが　1まわり　すると　|　　|分です。

3 左の 時こくから 右の 時こくまでの 時間は 何分でしょう。

50点(1つ5)

①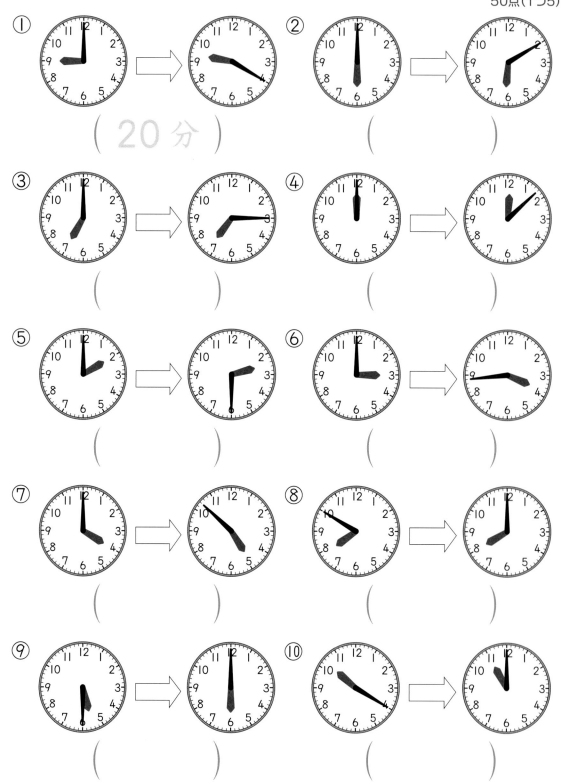
(20分)

②
(   )

③
(   )

④
(   )

⑤
(   )

⑥
(   )

⑦
(   )

⑧
(   )

⑨
(   )

⑩
(   )

「時こく」は、時計の はりが さして いる 「とき」の ことで、「時間」は 時こくと 時こくの 間の 長さの ことだよ。

24 時間と 分

❶ □に あてはまる 数を かきましょう。　　15点(1つ3)

① 時計の 長い はりが

　　1まわりすると [60] 分です。

② 1時間 = [60] 分です。

③ 長い はりが 1まわり半すると、

　　[1] 時間 [30] 分です。

④ 1時間30分 = [90] 分です。

　　　60分＋30分 ↑

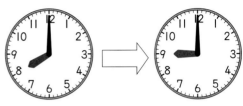

❷ □に あてはまる 数を かきましょう。　　55点(1つ5)

① 1時間 = □ 分

② 1時間10分 = [70] 分

③ 1時間30分 = □ 分

④ 1時間45分 = □ 分

⑤ 2時間20分 = □ 分

⑥ 3時間28分 = □ 分

⑦ 90分 = [1] 時間 [30] 分

> 90分は
> 60分＋30分 だから
> 1時間と 30分だよ。

⑧ 120分 = □ 時間

⑨ 225分 = □ 時間 □ 分

③ 左の 時こくから 右の 時こくまでの 時間は 何時間何分で
しょう。また、それは 何分でしょう。

30点(1つ3)

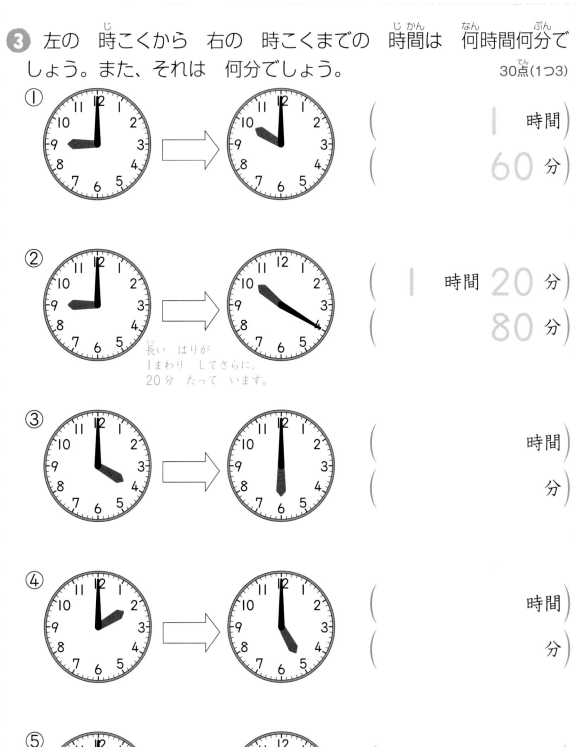

① (1 時間)
(60 分)

② (1 時間 20 分)
(80 分)

長い はりが
1まわり してさらに、
20分 たって います。

③ (時間)
(分)

④ (時間)
(分)

⑤ (時間 分)
(分)

時計の 長い はりが 1まわりすると 1時間で、1時間=60分。こ
のことを しっかり おぼえよう。

48

午前と　午後

❶ □に　あてはまる　数や　ことばを　かきましょう。35点(1つ5)

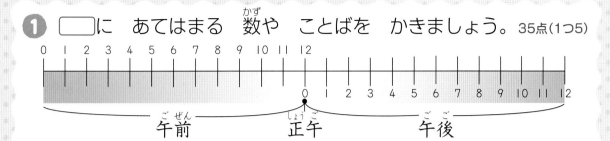

① まよなかの　0時から　昼の　12時までを　午前　と

いい、昼の　12時から　まよなかの　0時までを

午後　と　いいます。

② 昼の　12時の　ことを　正午　と　いいます。

③ 午前12時は　□　0時です。

④ 午前は　12　時間、午後も　□　時間です。

だから、1日は　□　時間です。

❷ つぎの　時こくを　「午前」「午後」を　つけて　答えましょう。

15点(1つ5)

① おきる　時こく　② おやつの　時こく　③ ねる　時こく

(午前7時) ( ) ( )

❸ □に あてはまる 数を かきましょう。　　　15点(1つ5)

① 午前は □ 時間です。

② 午後は □ 時間です。

午前と　午後は
同じ　時間ずつ
あるね。

③ 1日は □ 時間です。

❹ つぎの 時こくを 「午前」「午後」を つけて 答えましょう。

35点(1つ5)

① （午前）

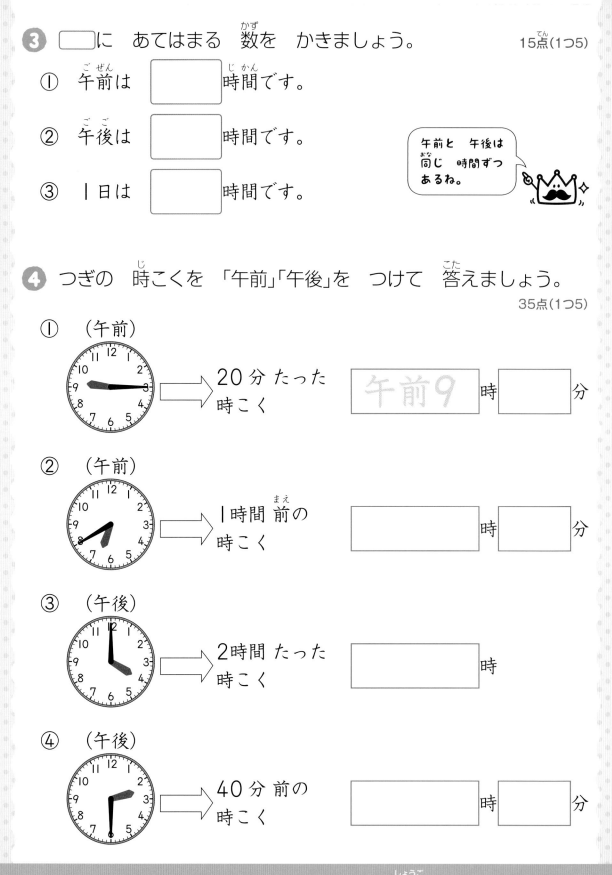

20分 たった
時こく

午前9 時 □ 分

② （午前）

1時間 前の
時こく

□ 時 □ 分

③ （午後）

2時間 たった
時こく

□ 時

④ （午後）

40分 前の
時こく

□ 時 □ 分

1日の ちょうど まんなかの 時こくが 正午だよ。だから、「午」の前
が 午前、「午」のあとが 午後と いうんだ。

26 センチメートルの 長さ

❶ □に あてはまる 数を かきましょう。　16点(1つ8)

右の 長さを 1センチメートル (センチ)と いい、1cm と かきます。

長さは 1cm が いくつ分 あるかで あらわします。

右の クレヨンは 1cm が

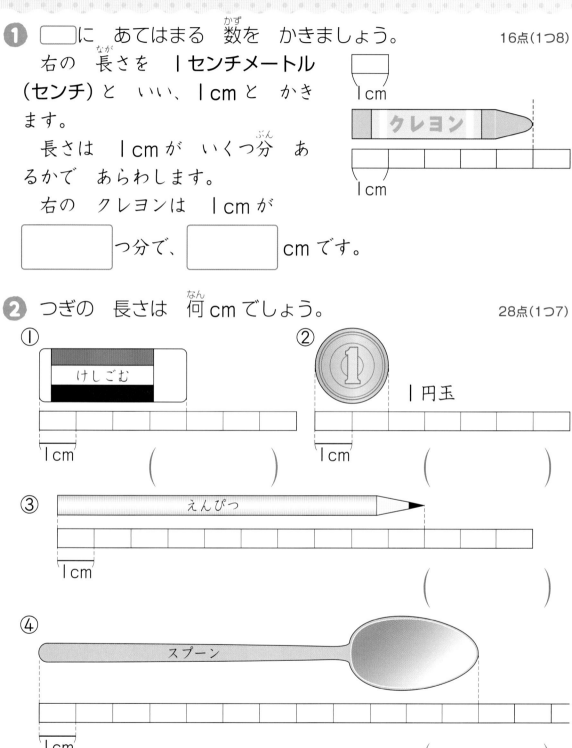

□つ分で、□cm です。

❷ つぎの 長さは 何cm でしょう。　28点(1つ7)

① けしごむ
1cm
(　　　)

② 1円玉
1cm
(　　　)

③ えんぴつ
1cm
(　　　)

④ スプーン
1cm
(　　　)

3 テープの 長さは 何cmでしょう。　　　　　56点(1つ8)

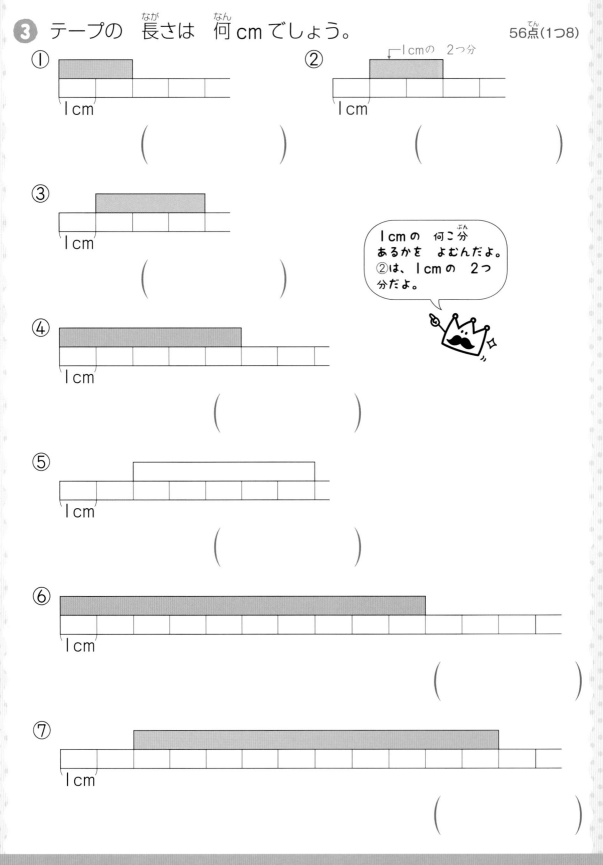

① ( )

② 1cmの 2つ分

( )

③ ( )

1cmの 何こ分
あるかを よむんだよ。
②は、1cmの 2つ
分だよ。

④ ( )

⑤ ( )

⑥ ( )

⑦ ( )

1cmの 長さが わかったかな？ 1円玉の はばが ちょうど 2cm
なんだよ。

27 ミリメートルの　長さ

❶ □に　あてはまる　数や　ことばを　かきましょう。15点(1つ5)

① 1cm を　同じ　長さに　10こに　分けた　1つ分の　長さ
を　1ミリメートル(1ミリ)と　いい、
1mm と　かきます。

② ものさしの　小さい　1目もりは

│ 1 │ mm です。

1cm

1 cm = │ 10 │ mm です。

1mm

③ cm や mm は　長さの　│ たんい │ です。

❷ 左の　はしから　↓までの　長さは　何mm でしょう。

30点(1つ5)

①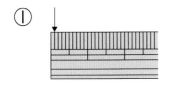

(1 mm)

②

(　　　　　)

③

(　　　　　)

④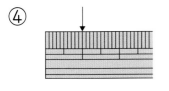

(10 mm)

⑤

(12 mm)

⑥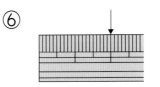

(　　　　　)

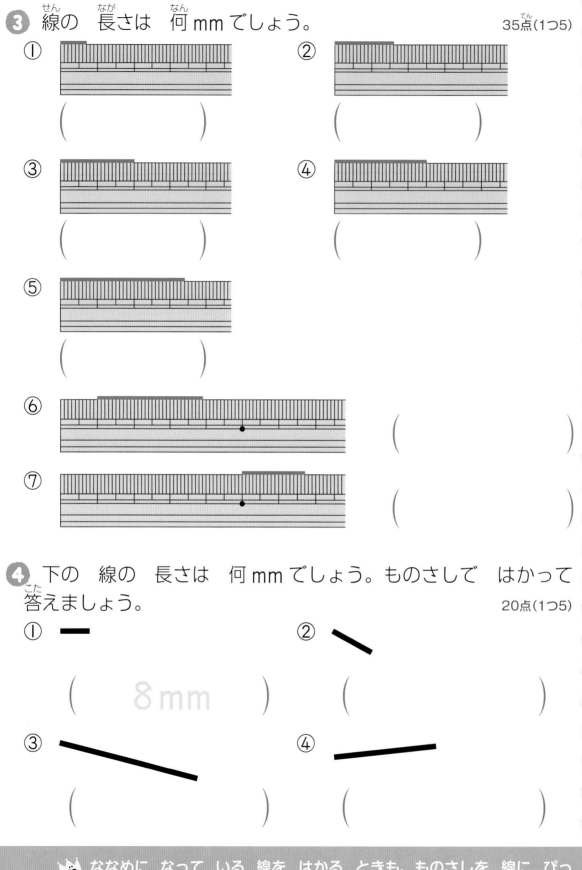

3 線の 長さは 何 mm でしょう。　35点(1つ5)

① (　　　　　　　)

② (　　　　　　　)

③ (　　　　　　　)

④ (　　　　　　　)

⑤ (　　　　　　　)

⑥ (　　　　　　　　　　　)

⑦ (　　　　　　　　　　　)

4 下の 線の 長さは 何 mm でしょう。ものさしで はかって 答えましょう。　20点(1つ5)

① (　　8mm　　)

② (　　　　　　　)

③ (　　　　　　　)

④ (　　　　　　　)

ななめに なって いる 線を はかる ときも、ものさしを 線に ぴったり あわせて はかるんだよ。左はしも あって いるか たしかめよう。

28 センチメートルと ミリメートル

❶ □に あてはまる 数や ことばを かきましょう。 40点(1つ4)

① まっすぐな 線を 直線 と いいます。

② 1 cm は 10 mm だから、3 cm は 30 mm です。

③ 10 mm は □ cm だから、20 mm は □ cm です。

④ 7 cm は □ mm だから、7 cm 2 mm は □ mm です。

⑤ 80 mm は □ cm だから、

82 mm は □ cm □ mm です。

❷ 直線の 長さは 何 cm 何 mm でしょう。また、何 mm と いえるでしょう。 12点(1つ2)

①
(5 cm 5 mm)
(55 mm)

②
( )
( )

③
( )
( )

③ ☐に あてはまる 数を かきましょう。　24点(1つ3)

① 1cm = $\boxed{10}$ mm

② 3cm = ☐ mm

③ 10cm = ☐ mm

④ 10mm = ☐ cm

⑤ 70mm = ☐ cm

⑥ 90mm = ☐ cm

⑦ 5cm7mm = ☐ mm

⑧ 12cm5mm = ☐ mm

> 1cm=10mm を もとに 考えるんだよ。

④ つぎの 直線の 長さは、何cm何mm でしょう。また、何mm と いえるでしょう。　24点(1つ3)

① ——— (2cm9mm)(29mm)

② ╱ (　　　　)(　　　　)

③ ╲ (　　　　)
　　　(　　　　)

④ ———————————— (　　　　)(　　　　)

🐱 5cm は 50mm。だから、5cm7mm は 50+7＝57 で、57mm に なるよ。1cm=10mm を しっかり おぼえよう。

56

29 長さづくり

月　日　時　分〜　時　分

名前

点

❶ つぎの　長さの　分だけ　テープに　色を　ぬりましょう。

40点(1つ5)

① 5cm

② 6cm5mm

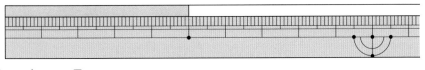

ものさしの
小さい
1目もりは
1mmだったね。

③ 7cm7mm

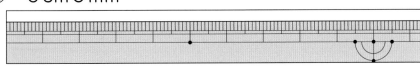

④ 8cm2mm

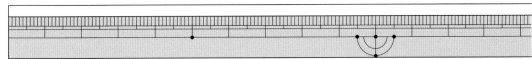

⑤ 10cm4mm

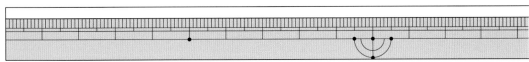

⑥ 11cm8mm

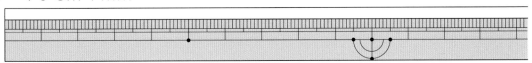

⑦ 12cm6mm

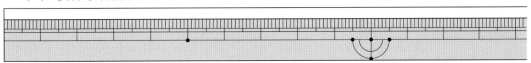

⑧ 13cm1mm

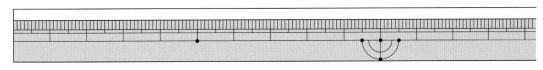

❷ つぎの 長さの 直線を かきましょう。　　　30点(1つ5)

① 3cm

② 3cm4mm

③ 4cm

④ 5cm2mm

⑤ 6cm1mm

⑥ 6cm9mm

❸ つぎの 長さの 直線を かきましょう。　　　30点(1つ5)

① 8cm

② 9cm8mm

③ 10cm4mm

④ 11cm6mm

⑤ 125mm

⑥ 138mm

🐱 直線を かく ときは、かならず ものさしを つかおう。まず、りょう
はしの 2つの 点を かいてから、それを 直線で むすぶと いいよ。

月	日	時	分〜	時	分

名前

点

30 長さの 計算

1 つぎの 長さの 計算を しましょう。　　24点(1つ4)

① 2mm＋5mm ＝ 7mm

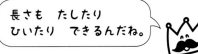

長さも たしたり
ひいたり できるんだね。

② 6cm＋3cm

③ 4cm＋2cm　　　　④ 7mm－4mm

⑤ 5cm－3cm　　　　⑥ 9cm－5cm

2 つぎの 長さの 計算を しましょう。　　27点(1つ3)

① 6mm＋7mm ＝ 13mm ＝ 1cm3mm
　　　　　　　　└10mmで 1cm

② 8mm＋9mm

①は、
10mmが 1cmだから、
13mmを 10mmと
3mmに 分けるよ。

③ 5mm＋6mm

④ 7cm＋4cm ＝ 11cm

⑤ 8cm＋5cm　　　　⑥ 9cm＋2mm

⑦ 1cm－3mm ＝ 10mm－3mm ＝ 7mm
　　　　　　　└1cmは 10mm

⑧ 1cm4mm－9mm

⑨ 2cm6mm－7mm

59

❸ つぎの 長さの 計算を しましょう。 33点(1つ3)

① 1cm2mm＋2cm3mm ＝ 3cm5mm
同じ たんいどうしを 計算します。

② 3cm4mm＋4cm5mm

③ 2cm6mm＋6cm2mm   ④ 7cm4mm＋2cm

⑤ 2cm4mm－1cm2mm ＝ 1cm2mm

⑥ 5cm7mm－2cm6mm

⑦ 4cm8mm－3cm8mm

⑧ 6cm1mm－1mm

⑨ 3cm5mm－3cm   ⑩ 7cm2mm－7cm

⑪ 5cm6mm－1cm6mm

❹ つぎの 長さの 計算を しましょう。 16点(1つ4)

① 1cm8mm＋1cm5mm ＝ 3cm3mm

② 4cm6mm＋2cm8mm

③ 6cm7mm－3cm8mm ＝ 67mm－38mm＝29mm
＝ 2cm9mm

④ 1cm5mm－9mm

長さも たしたり ひいたり できるよ。計算する ときは、同じ たんいどうしを たしたり、ひいたり しよう。

月　日　時　分〜　時　分
名前

点

❶ □に あてはまる 数や ことばを かきましょう。20点(1つ5)

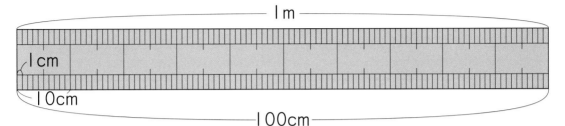

1m

1cm

10cm

100cm

① 100 cm を 1メートルといい、1m と かきます。

1m = 100 cm

② 130 cm は □ m □ cm です。

130 cm は 100 cm と 30 cm に 分けて 考えよう。

③ 1m 50 cm は □ cm です。

❷ □に あてはまる 数を かきましょう。 40点(1つ4)

① 1m = □ cm

② 1m 20 cm = □ cm

③ 160 cm = □ m □ cm

1m は 100 cm だから、 1m 20 cm は 100 cm + 20 cm だね。

④ 1m 74 cm = □ cm

⑤ 118 cm = □ m □ cm

⑥ 1m 2 cm = □ cm

⑦ 105 cm = □ m □ cm

❸ 1m の ものさしを 下のように ならべて います。
リボンの 長<ruby>なが</ruby>さは 何<ruby>なん</ruby>m何cm でしょう。また、それは 何cm
でしょう。

40点<ruby>てん</ruby>(1つ4)

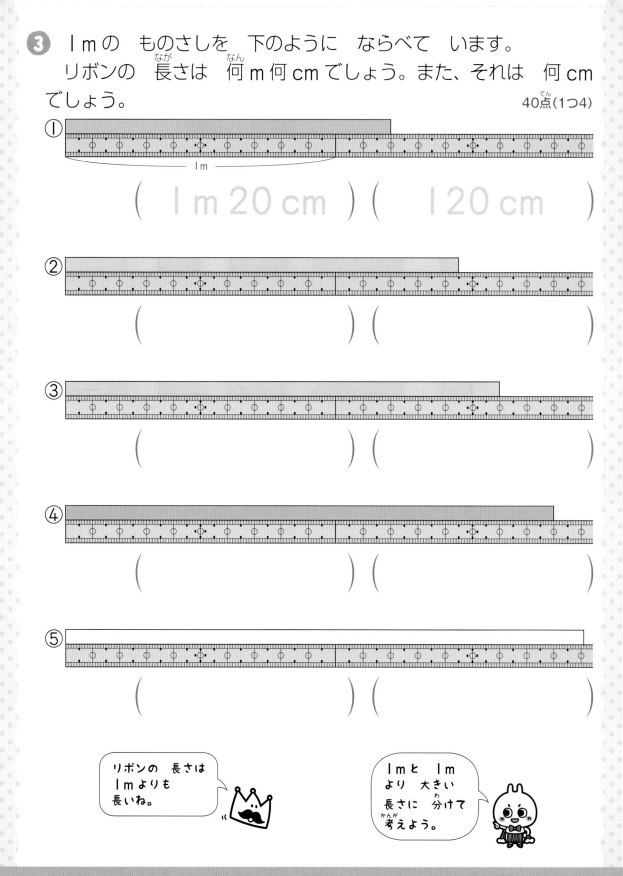

① (1m20cm) (120cm)

② ( ) ( )

③ ( ) ( )

④ ( ) ( )

⑤ ( ) ( )

リボンの 長さは
1mよりも
長いね。

1mと 1m
より 大きい
長さに 分<ruby>わ</ruby>けて
考<ruby>かんが</ruby>えよう。

1m＝100cm の かんけいは しっかり おぼえておこう。③は、ものさ
しに ついている 5cm、10cm ごとの しるしを りようして よみとろう。

100 cm を こえる 長さ ②

❶ ☐に あてはまる 長さの たんいを かきましょう。

24点（1つ4）

① すな場の よこの 長さ → 3 　m

② ドアの たての 長さ → 200 ☐

③ プールの たての 長さ → 25 ☐

④ 校ていの たての 長さ → 110 ☐

⑤ 水道の ホースの 太さ → 23 ☐

⑥ 道ろの はば → 4 ☐

ドアの たての 長さは
200 m も ないね。
たんいは 何に なるのかな。

❷ 長い ほうを ◯で かこみましょう。

24点（1つ3）

① 130 cm・1 m 40 cm　　② 125 cm・1 m 24 cm
　　　↳140 cm

③ 106 cm・1 m 60 cm　　④ 150 cm・1 m 5 cm

⑤ 112 cm・1 m 21 cm　　⑥ 118 cm・1 m 9 cm

⑦ 105 cm・1 m 4 cm　　⑧ 142 cm・1 m 39 cm

❸ つぎの　長さの　計算を　しましょう。　　　　52点(1つ4)

① 1m20cm＋30cm ＝ 1m50cm

② 40cm＋1m50cm

③ 1m30cm＋43cm

④ 1m10cm＋5cm

⑤ 90cm＋45cm

⑥ 62cm＋1m30cm

⑦ 1m80cm＋62cm

⑧ 1m40cm－40cm

⑨ 1m30cm－20cm

⑩ 1m75cm－30cm

⑪ 1m85cm－25cm

⑫ 1m94cm－14cm

⑬ 1m54cm－62cm

計算を　するときは、同じ
たんいどうし　計算するんだったね。

長さを　くらべる　ときは、たんいを　そろえよう。②は、ぜんぶ cm に
なおして　くらべると　いいよ。または、○ m ○ cm に　そろえても　いいね。

33 水の かさ

1 つぎの ☐に あてはまる 数を かきましょう。　10点

水などの かさは ますで はかり、その いくつ
分で あらわします。右の ますの 水の かさを
1リットルと いい、1L と かきます。

1L の 2つ分は ☐ L に なります。

2 入れものに はいる 水の かさは 何L でしょう。　30点(1つ5)

① すいとう
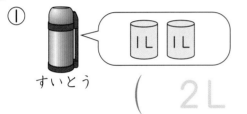
(2L)

② やかん
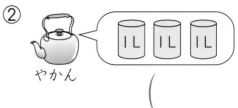
( )

③ なべ

( )

④ ポット
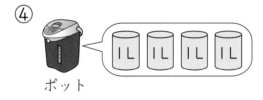
( )

⑤ バケツ
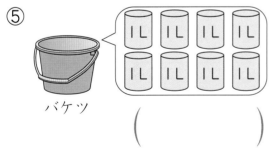
( )

⑥ ポリタンク

( )

3 つぎの ☐に あてはまる 数を かきましょう。　5点

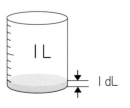

1L を 同じ かさに ☐10☐ こに 分けた

1つ分の かさを 1デシリットルと いい、
1dL と かきます。

4 つぎの 水の かさは 何<ruby>何<rt>なん</rt></ruby>dL でしょう。 20点(1つ5)

① | dL | dL | dL

(3dL)

② | dL | dL | dL | dL

( )

③ | L

( )

④ | L

( )

5 つぎの 水の かさは 何L 何dL でしょう。 35点(1つ5)

① | L | dL | dL | dL

(1 L 3dL)

② | L | L | dL | dL

( )

③ | L | L | L | dL

( )

④ | L | dL | dL | dL | dL | dL | dL

( )

⑤ | L | L | L

( )

⑥ | L | L | L | L

( )

⑦ | L | L | L | L | L | L | L | L

( )

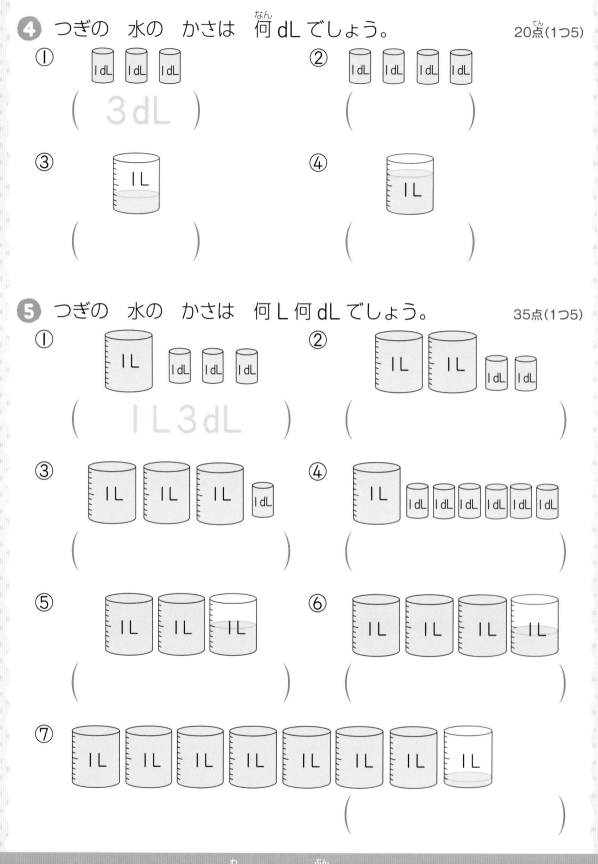

1L を 10こに 分<ruby>分<rt>わ</rt></ruby>けた 1つ分<ruby>分<rt>ぶん</rt></ruby>の かさが 1dL だよ。④、⑤は、1Lますの 小さな 目もりが いくつ分かを よみとろう。

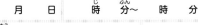

34 かさの　計算

❶ □に　あてはまる　数を　かきましょう。　　　36点(1つ2)

① 1L = [10] dL　　　② 1L2dL = [12] dL

③ 1L6dL = [　] dL　　④ 1L7dL = [　] dL

⑤ 1L9dL = [　] dL　　⑥ 2L = [　] dL

⑦ 2L1dL = [　] dL　　⑧ 2L3dL = [　] dL

⑨ 3L = [　] dL　　　⑩ 3L4dL = [　] dL

⑪ 10dL = [1] L　　⑫ 11dL = [1] L [1] dL

⑬ 19dL = [　] L [　] dL　⑭ 20dL = [　] L

⑮ 24dL = [　] L [　] dL　⑯ 28dL = [　] L [　] dL

⑰ 40dL = [　] L　　⑱ 47dL = [　] L [　] dL

❷ ＞、＜を　つかって、かさの　大小を　しきに　あらわす　ことが　できます。つぎの　□に、＞か　＜を　かきましょう。

12点(1つ3)

① 1L3dL [＞] 12dL　　② 27dL [　] 3L5dL

③ 4L8dL [　] 29dL　　④ 36dL [　] 18dL

3 かさの 計算を しましょう。

① 1L2dL＋5dL＝ 1L7dL　② 1L3dL＋4dL

③ 1L4dL＋4dL　　　　④ 1L5dL＋5dL

⑤ 1L3dL＋7dL　　　　⑥ 1L＋1L8dL

⑦ 1L＋1L5dL　　　　⑧ 2L3dL＋8dL

⑨ 2L4dL＋3dL　　　　⑩ 2L5dL＋5dL

⑪ 2L6dL＋9dL　　　　⑫ 3L＋1L2dL

⑬ 3L7dL＋5dL　　　　⑭ 1L5dL－5dL＝ 1L

⑮ 1L8dL－3dL　　　　⑯ 1L6dL－1dL

⑰ 1L9dL－2dL　　　　⑱ 2L3dL－4dL

⑲ 2L6dL－8dL　　　　⑳ 2L9dL－4dL

㉑ 3L2dL－2dL　　　　㉒ 3L5dL－8dL

㉓ 3L7dL－2L　　　　㉔ 4L3dL－7dL

㉕ 3L8dL－1L　　　　㉖ 5L9dL－2L

かさの 計算も 長さの 計算と 同じように、たんいに 気を つけよう。L は L どうし、dL は dL どうしを 計算するよ。

35 ミリリットルの かさ

❶ □に あてはまる 数を かきましょう。　12点(1つ4)

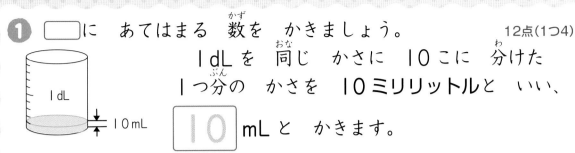

1dL を 同じ かさに 10こに 分けた 1つ分の かさを 10ミリリットルと いい、

| 10 | mL と かきます。

だから、1dL = | 100 | mL、

1L = | 1000 | mL です。

❷ つぎの かさは 何mL でしょう。　20点(1つ5)

① 1L

（　1000 mL　）

② 2L

（　　　　　　）

③ 1L2dL

（　1200 mL　）

④ 4dL

（　　　　　　）

❸ □に あてはまる 数を かきましょう。　24点(1つ4)

① 7000 mL = | 7 | L　　② 300 mL = | | dL

③ 9L = | | mL　　④ 2400 mL = | | L | | dL

⑤ 1L6dL = | | mL

69

④ ＞、＜を　つかって、かさの　大小を　しきに　あらわす　こと
が　できます。つぎの　□に、＞か　＜を　かきましょう。

24点(1つ4)

① 1300 mL □ 2L   ② 70 dL □ 6L

③ 4L □ 720 mL

④ 35 dL □ 2800 mL

⑤ 1L 6 dL □ 1700 mL

⑥ 560 mL □ 39 dL

1L＝10 dL、
1 dL＝100 mL
だから、
1L＝1000 mL
だね。

⑤ □に　あてはまる　かさの　たんいを　かきましょう。

20点(1つ5)

① 大きい　ペットボトルの
　ジュース

　2 □

② コップ　1ぱいの　水

　160 □

③ きゅう食の　牛にゅう

　2 □

④ スプーン　1ぱいの
　しょうゆ

　5 □

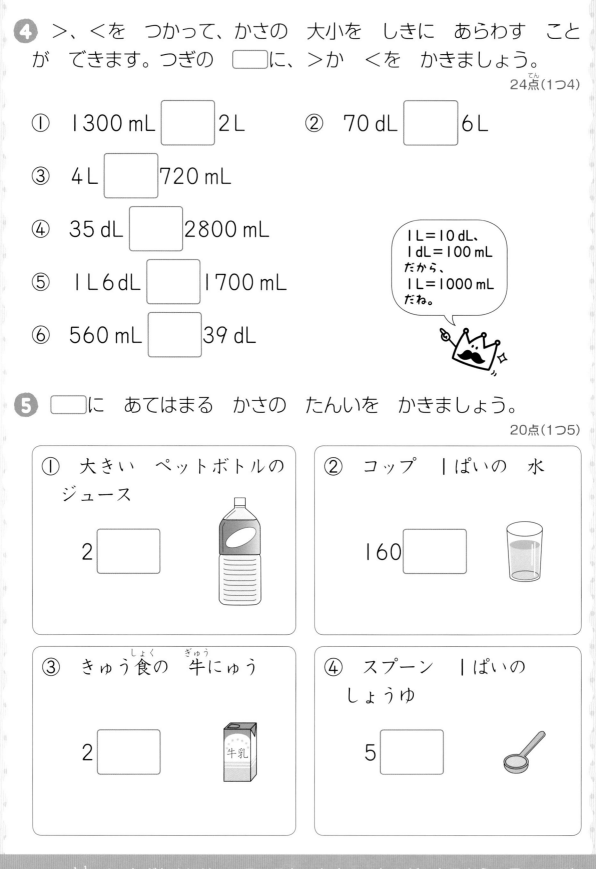

👑 ペットボトルには、いろいろな　かさの　ものが　あるから、見てみると
　いいよ。

月　日　時　分〜　時　分
名前
点

1 すきな あそびを しらべました。　　　　72点(1つ6)

ボールなげ

ぬり絵

あやとり

おにごっこ

一りん車

おり紙

① すきな 人の 数が わかるように、ひょうに かきましょう。

あそびしらべ

すきな あそび	ボールなげ	ぬり絵	あやとり	おにごっこ	一りん車	おり紙
人数(人)	5	5				

② ○を つかって グラフに かきましょう。

③ 人数が いちばん 多かったのは 何でしょう。

（　　　　　）

④ 人数が いちばん 少なかったのは 何でしょう。

（　　　　　）

あそびしらべ

○	○				
○	○				
○	○				
○	○				
○	○				
ボールなげ	ぬり絵	あやとり	おにごっこ	一りん車	おり紙

❷ すきな あそびの 中から 外あそびを しらべました。

28点(1つ4)

ボールなげ	ぬり絵	あやとり
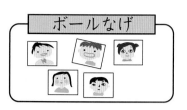		
おにごっこ	一りん車	おり紙

① ○を つかって グラフに
かきましょう。

外あそびしらべ

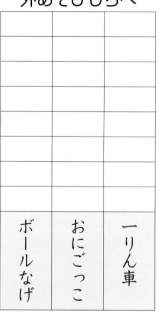

② 人数が いちばん 多かっ
たのは 何でしょう。

(　　　　　　　)

③ 人数が いちばん 少な
かったのは 何でしょう。

(　　　　　　　)

④ ボールなげと おにごっこは どちらが 何人 多いでしょう。

(　　　　　)が(　　　　　　　)多い。

グラフの 高さが いちばん 高い ものが、いちばん 数が 多いよ。

72

37 まとめの テスト

1 左の 時こくから 右の 時こくまでの 時間を 答えましょう。

10点(1つ5)

① (　　　　　)　② (　　　　　)

2 つぎの 直線の 長さは 何cm何mm でしょう。また、何mm でしょう。

6点(1つ3)

(　　　　　)

(　　　　　)

3 つぎの □に あてはまる 数を かきましょう。　24点(1つ3)

① 1m 40 cm = [　　　] cm

② 289 mm = [　　　] cm [　　　] mm

③ 126 cm = [　　　] m [　　　] cm

④ 1 L = [　　　] dL = [　　　] mL

⑤ 2000 mL = [　　　] L

4 水の かさは 何L何dL でしょう。

8点(1つ4)

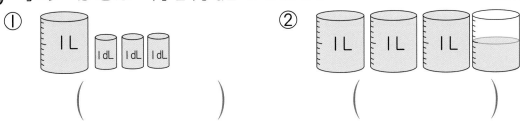

① (　　　　　)　② (　　　　　)

5 どうぶつの 絵の カードが あります。

① どの カードが 何まい あるか しらべて、ひょうに かきましょう。

カードの しゅるいしらべ

どうぶつの しゅるい	パンダ	さる	うさぎ	ぞう
まい数 (まい)				

② ○を つかって グラフに かきましょう。

③ まい数が いちばん 多かったのは 何でしょう。

（　　　　　　）

④ まい数が いちばん 少なかったのは 何でしょう。

（　　　　　　）

カードの しゅるいしらべ

パンダ	さる	うさぎ	ぞう

⑤ パンダは うさぎより 何まい 多いでしょう。

（　　　　　　　　　　）

⑥ さると ぞうは、どちらが 何まい 多いでしょう。

（　　　　　）が（　　　　　）多い。

74

38 しあげの テスト1

1 絵を 見て、数を かきましょう。　　　　　　　　10点(1つ5)

①

②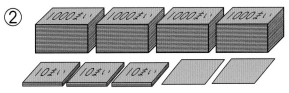

　　　　　(　　　　　　　)本　　　　　　(　　　　　　　)まい

2 つぎの 数を かきましょう。　　　　　　　　25点(1つ5)

① 100を 10こ あつめた 数　　　　　(　　　　　　　)

② 100を 4こ、10を 2こ あわせた 数　(　　　　　　　)

③ 1000を 10こ あつめた 数　　　　(　　　　　　　)

④ 1000を 7こ、100を 3こ、10を 2こ、1を 9こ
　あわせた 数　　　　　　　　　　　　(　　　　　　　)

⑤ 千のくらいが 8、百のくらいが 6、十のくらいが 0、一
　のくらいが 4の 数　　　　　　　　(　　　　　　　)

3 左の 時こくから 右の 時こくまでの 時間を 答えましょう。

10点(1つ5)

　　　　　(　　　　　　　)　　　　　　(　　　　　　　)

75

4 つぎの　長さは　何cm何mmでしょう。　　　10点(1つ5)

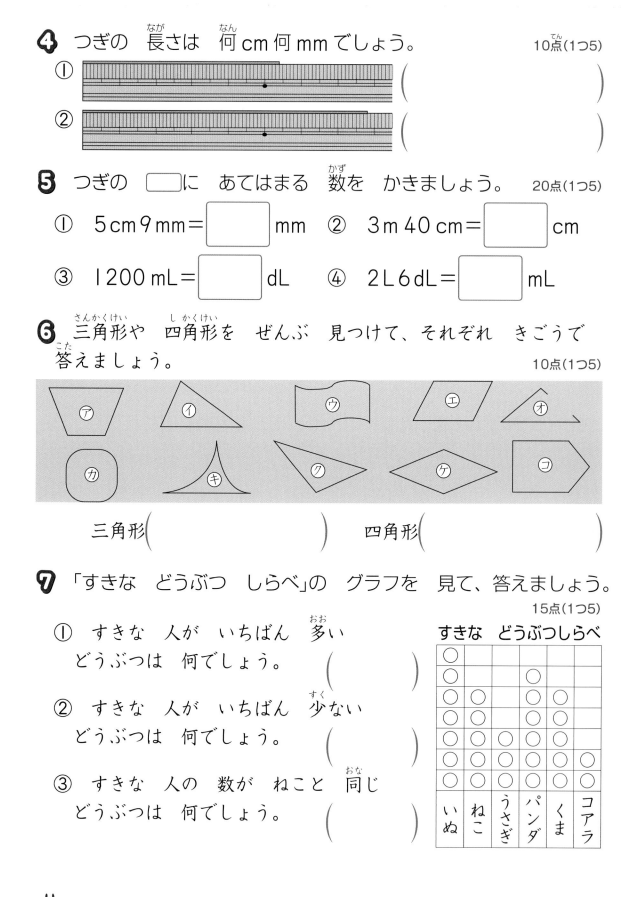

① (　　　　　)

② (　　　　　)

5 つぎの　□に　あてはまる　数を　かきましょう。　20点(1つ5)

① 5cm9mm=□mm　② 3m40cm=□cm

③ 1200mL=□dL　④ 2L6dL=□mL

6 三角形や　四角形を　ぜんぶ　見つけて、それぞれ　きごうで
答えましょう。　　　10点(1つ5)

三角形(　　　　　)　　四角形(　　　　　)

7 「すきな　どうぶつ　しらべ」の　グラフを　見て、答えましょう。

15点(1つ5)

① すきな　人が　いちばん　多い
どうぶつは　何でしょう。　(　　　　　)

② すきな　人が　いちばん　少ない
どうぶつは　何でしょう。　(　　　　　)

③ すきな　人の　数が　ねこと　同じ
どうぶつは　何でしょう。　(　　　　　)

すきな　どうぶつしらべ

いぬ	ねこ	うさぎ	パンダ	くま	コアラ
○					
○			○		
○	○		○	○	
○	○	○	○	○	
○	○	○	○	○	○
○	○	○	○	○	○
○	○	○	○	○	○

39 しあげの テスト2

1 □に あてはまる 数を かきましょう。　20点(1つ4)

① 10 を 68こ あつめた 数は ⬚ です。

② 980 は 10 を ⬚ こ あつめた 数です。

③ 7800 は 100 を ⬚ こ あつめた 数です。

④

```
9500        9600        9700
```

2 大きい 数から じゅんに かきましょう。　5点
8970　8790　8097　9078　8907

(　　　　　　　　　　　　　　　　　)

3 色を ぬった ところの 長さが もとの 長さの $\frac{1}{4}$ に なって いるのは どれでしょう。　5点

もとの 長さ

あ
い
う

(　　　)

4 つぎの 時こくを 「午前」か 「午後」を つけて 答えましょう。
（午前）　10点(1つ5)

50分 前の
時こく

(　　　)時(　　　)分

5 つぎの 計算を しましょう。　　　　　20点(1つ5)

① 8cm9mm−6cm

② 1m30cm+20cm

③ 2L5dL+7dL

④ 1L3dL−8dL

6 水の かさは 何L何dL でしょう。　　　10点(1つ5)

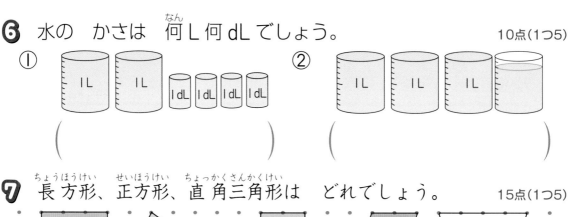

① (　　　　　　　)　　② (　　　　　　　)

7 長方形、正方形、直角三角形は どれでしょう。　　15点(1つ5)

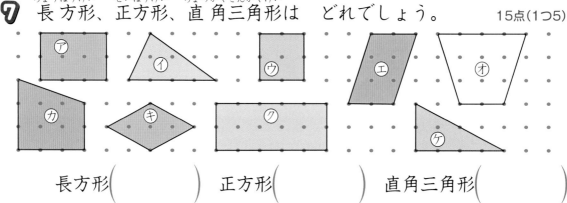

長方形(　　　　)　正方形(　　　　)　直角三角形(　　　　)

8 右の はこの 形を 見て 答えましょう。　　15点(1つ5)

① 面の 数は いくつでしょう。　　(　　　　)

② 辺の 数は いくつでしょう。　　(　　　　)

③ ちょう点の 数は いくつでしょう。(　　　　)

★**1** つぎの　数（かず）を　あらわす　ことを　考（かんが）えて　みましょう。

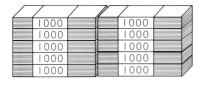
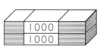
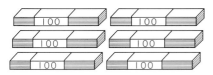
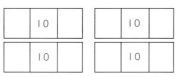
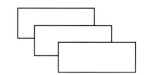

1000の　たば
10こで　一万だよ。
一万が　2こ　あるよ。

のこりは
2643まい
だね。

一万（まん）を　2こ　あつめた　数を　二万と　いいます。
二万と　二千六百四十三で　二万二千六百四十三と　いいます。
二万二千六百四十三を　数字（すうじ）で　かいて　みましょう。

万のくらい	千のくらい	百のくらい	十のくらい	一のくらい
2	2	6	4	3

くらいに
ちゅういして
かこう。

★**2** つぎの　数を　数字で　かいて　みましょう。

① 三万八千五百六十一

万のくらい	千のくらい	百のくらい	十のくらい	一のくらい

② 五万二千三百七

万のくらい	千のくらい	百のくらい	十のくらい	一のくらい

★3 下の　地図を　見て　考えて　みましょう。

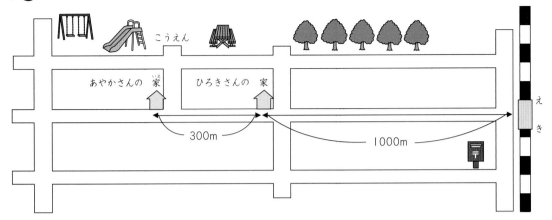

ひろきさんの　家から　えきまでは、　1000　m です。

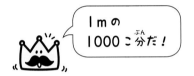

1000 m を　あらわす　長さの　たんいに　km が　あります。

$$1 km = 1000 m$$

だから、ひろきさんの　家から　えきまでは、　1　km です。

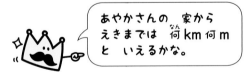

あやかさんの　家から
えきまでは、1300 m です。

1300 m ＝　1　km　300　m です。

答え

2年の 数・りょう・図形

1 1年生で ならった こと①

1 ①42　②56
　　③100　④134

2 ①47　②3、8
　　③8、2　④45

3 ①60、62　②60、30

4 ①30に○　②51に○　③98に○

5 ①い　②お

6 ①9時　②2時30分　③6時10分

7 ①3まい　②5まい　③4まい

おうちの方へ 1年生でならったことのふくしゅうです。

1 10が10こで100になることをしっかりおさえましょう。どのくらいにどの数字がくるかなど、数のしくみがりかいできているかをかくにんしましょう。2年生では、さらに大きい数を学しゅうしますので、きほんをみにつけておくことが大切です。

6 時こくを正かくによみとれるように、家で何どもれんしゅうしておきましょう。

2 1年生で ならった こと②

1 3、7

2 ①80　②98　③8　④116

3 ①13、18、23
　　②77、86、100、115

4 ①64、56、46
　　②81、79、78
　　③120、112、109、102、99

5
　　（　）（○）（　）　（　）（　）（○）

6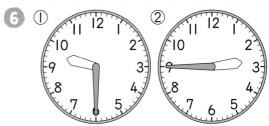

7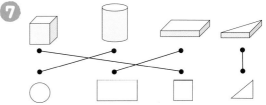

おうちの方へ かさ、時こく、形は、2年生でさらにくわしく学しゅうします。できていないところは、しっかりふくしゅうしておきましょう。

7 見えないぶぶんがどのような形になっているか、そうぞうすることが大切です。じっさいにつみきなどをつかって、かくにんしましょう。

3 100を こえる 数の あらわしかた

1 ①二百三十六（236）
　　②二百六十一（261）
　　③二百十（210）

2 2、4、3、243

81

3 ①321
　②163
　③320
　④502
4 ①231
　②323
　③402
5 ①百四十八　　②三百二
　③八百五十　　④六百
6 ①219　②351　③470
　④806　⑤710

🏠 **おうちの方へ** **❶** 大きな数を、「10
のかたまりが○こ」、さらに、「100
のかたまりが△こ」とみることが大切
です。かたまりごとにかこんで数えて
いくとよいでしょう。
❸ 502 など 10 のかたまりがない場
合は、十のくらいに0をかくことをり
かいできるようにしましょう。
❻ 二百十九を「200109」とするまち
がいが見られます。くらいにちゅうい
して、正しくかけるようにしておきま
しょう。

👑 **4** **100を こえる 数の
しくみ**

❶ ①700　　　②590
　③203　　　④906
　⑤346　　　⑥592
❷ ①百のくらい…1　十のくらい…5
　　一のくらい…7
　②百のくらい…4　十のくらい…9
　　一のくらい…3
　③百のくらい…5　十のくらい…7
　　一のくらい…0

④百のくらい…6　十のくらい…0
　一のくらい…8
⑤百のくらい…8　十のくらい…0
　一のくらい…2
⑥百のくらい…2　十のくらい…1
　一のくらい…0
❸ ①3、4
　②100、10、1
　③100、1
　④382
　⑤1、9、7
　⑥5、7、3
　⑦8、0、9
　⑧6、4、0

🏠 **おうちの方へ** 3けたの数のしくみを
学しゅうします。「くらい」の考え方が
しっかりみにつくようにくりかえし学
しゅうするとよいでしょう。
❶ ③や④は、230、960 とかいてし
まうミスが多く見られるので、ちゅう
いしましょう。

👑 **5** **10が いくつ**

❶ 200、30、230
❷ ①360　　　②290
　③420　　　④170
　⑤810　　　⑥300
　⑦700　　　⑧900
❸ 40、2、42
❹ ①38　　　②56
　③27　　　④40
　⑤70　　　⑥90
　⑦51　　　⑧64
　⑨98　　　⑩20

⑪80

10をいくつかあつめた数がいくつになるかをりかいすることはさいしょはむずかしいかもしれません。お金などをつかって「10円玉10まいで100円玉1まいにりょうがえできる」など、ぐたいてきに考えるとわかりやすくなります。

❷ わかりにくいときは、**❶**にもどって考えるとよいでしょう。

❹ わからないときは、**❸**にもどるとよいでしょう。

👑 6 1000と いう 数

❶ 10、1000

❷ ①1000 　②950
　　③990 　　④999

❸ ①10 　②100 　③100 　④900
　　⑤999 　⑥1 　⑦20 　⑧100
　　⑨10 　⑩950 　⑪5 　⑫50

1000は、100を10こあつめた数であること、また10を100こあつめた数であることをしっかりおぼえることが大切です。1000より1小さい数は999、10小さい数は990ということをりかいするために数の線(数直線)をりようしましょう。

❷ ①1目もりが100の数の線で考えます。100大きいとは、右へ1目もりすすんだところの数です。
　　③1目もりが10の数の線で考えます。10小さいとは、左へ1目もりすすんだところの数です。

👑 7 1000までの 数の 大小

❶

❷ ①600、900、1000
　　②50、150、250
　　③835、845、858、865

❸ ①< 　②> 　③< 　④> 　⑤>
　　⑥< 　⑦< 　⑧< 　⑨> 　⑩<
　　⑪>

❹ ①600、900、1000
　　②265、280
　　③996、999、1000
　　④340、380
　　⑤684、682、679

❶ 数の線(数直線)は、まず1目もりがいくつになるかを考えてから答えるようにしましょう。

❸ 数の大小は、百のくらいからじゅんにくらべていくことが大切です。

👑 8 1000を こえる 数

❶ 2、3、4、6

❷ ①2819 　②4752 　③1563

❸ ①七千三百四十八 　②五千九百四

❹ ①5900 　②8060 　③2394

❺ ①8、7、3、6
　　②1000、10、1
　　③1000、100、1
　　④3672 　⑤2905
　　⑥4、8、9、0
　　⑦5、0、2、8

👑 9 100が いくつ

1 2000、600、2600

2 ①5200

②3400

③1900

④8000

⑤6000

⑥7000

3 30、4、34

4 ①28、280

②59、590

③30、300

④90、900

👑 10 10000と いう 数

1 10、10000

2 ①9999

②9990

③9000

④5

3 ①10　②100　③1000 ④100

⑤9000 ⑥9900 ⑦9999 ⑧1

⑨20　⑩100　⑪9500 ⑫50

👑 11 10000までの 数の 大小

1 ①8400　②9200

8000　|8500　9000　|　9500

③5986　④6003

5980　|　5990　6000　|

2 ①3000、5000、7000

②500、1500、2500

③3965、3974、3988、3995

3 ①<　②<　③>　④<　⑤>

⑥>　⑦<　⑧<　⑨<　⑩<

⑪>

4 ①6000、8000

②3570、3590

③9983、9984、9986

④1800、2000、2200

⑤6859、6860、6862

👦👑 **12 分けた 大きさを
あらわす 数**

1 2分の1、$\frac{1}{2}$
　4分の1、$\frac{1}{4}$、分数

2 ①$\frac{1}{2}$　②$\frac{1}{4}$　③$\frac{1}{8}$

3 れい

4 れい

5 ①$\frac{1}{2}$　②$\frac{1}{4}$　③$\frac{1}{3}$　④$\frac{1}{4}$　⑤$\frac{1}{4}$

🐰👑 **13 まとめの テスト**

1 ①234　　　②401
　③2143

2 ①431　　②807　　③2300
3 ①620　　②905　　③1000
　④3267　⑤10000
4 ①3、4、0、2
　②340
　③76
　④59
5 ①2500、4400
　②9930、9970、10000
6 5780、5760、5670、5076、5067
7 ①

🐱👑 **14 三角形と 四角形**

1 ①三角形　②四角形
2 三角形…あえか
　四角形…いうお
3 三角形…あきさ
　四角形…うかし
4 れい

5 れい

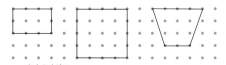

6 ①三角形、2
②三角形、四角形
③三角形、2
④三角形、四角形

🏠 おうちの方へ 三角形も四角形も「直線」で「かこまれている」ことがじゅうようです。にたような形でも直線ではなかったり、あいているぶぶんがある形は、三角形や四角形ではないことにちゅういしましょう。

15 三角形、四角形さがし

1 ①れい　　②れい

③れい　　④れい

⑤れい　　⑥れい

2 四角形

3 ①三角形…6こ
　四角形…1こ
②三角形…4こ
　四角形…3こ
③三角形…2こ
　四角形…5こ

4

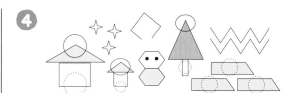

三角形…3こ
四角形…6こ

5 ①（れい）　三角じょうぎ、サンドイッチ、はたなど
②（れい）　黒ばん、ノート、本、画用紙、おり紙など

🏠 おうちの方へ 三角形は、3本の直線でかこまれている形、四角形は、4本の直線でかこまれている形、ということをしっかりおさえて、みのまわりの三角形や四角形をさがしてみましょう。

1 線のひき方はたくさんあります。いろいろな線をひいてみて、三角形や四角形をつくってみましょう。

16 長方形と　正方形

1 直角

2

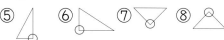

3 ①辺、ちょう点
②長方形　　③正方形

4 ①4　　②4　　③同じ
④4　　⑤同じ

5 長方形…ウ、エ、コ
　正方形…イ、ク

6 長方形…ア、オ、ケ
　正方形…ウ、カ、ク

🐰 17 直角三角形

❶ 直角三角形

❷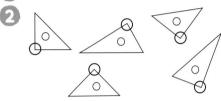

❸ ⑦、⑤、㊗

❹ ①直角三角形、2
　②直角三角形、2
　③直角三角形、4

❺ ①直角三角形　　②正方形
　③長方形　　　　④正方形
　⑤直角三角形

🐰 18 三角形、四角形を　つくる

❶ れい
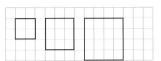

❷ れい

❸ れい
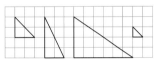

❹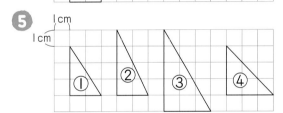

❺

🐰 19 三角形と　四角形の もようづくり

❶ ①長方形　②長方形　③正方形
　④正方形　⑤直角三角形

❷

3

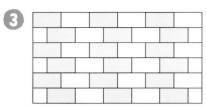

4

5 ① 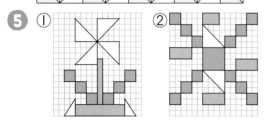 ②

🏠 おうちの方へ 長方形、正方形、直
角三角形をつかって、いろいろなもよう
をつくってみましょう。楽しみながら、
四角形や三角形のとくちょうがみにつき
ます。

2～4 もようのきまりを見つけて、つ
づきをかいていきましょう。

👑20 はこの 形

1 ①
　□ …2（まい）
　□ …2（まい）
　□ …2（まい）
　②
　□ …6（まい）
　③
　□ …2（まい）
　□ …4（まい）

2 ①正方形、長方形
　②6こ
　③12本

---

④8こ

3 ① ② ③

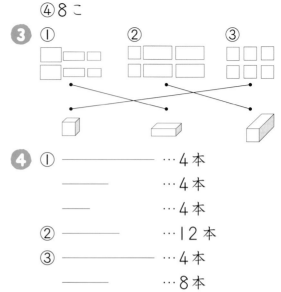

4 ① ——————— …4本
　　 ——————— …4本
　　 ———— …4本
　② ——————— …12本
　③ ——————— …4本
　　 ——————— …8本

🏠 おうちの方へ はこの面や、辺やちょ
う点のせいしつをりかいするためには、
じっさいのはこをつかってしらべるとよ
いでしょう。はこにはいろいろな形があ
り、形によってちがうところをかくにん
しておきましょう。

👑21 はこづくり

1 ⓐ ⓑ ⓒ ⓓ ⓔ

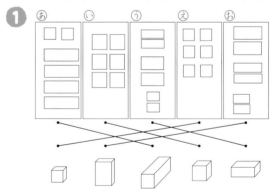

2 ⓑ

3 ①8こ
　②7、12

4 ①8こ

②8、4

5、4

3、4

🏠 **おうちの方へ** ❷ わかりにくかった
ら、じっさいに図をかいて切りとり、
組み立ててみます。⑯と⑰は、同じ形
の面がとなりにならんでいるので、は
こはできません。

❸、❹ ねん土玉→ちょう点、ひご→辺
であることをしっかりりかいすること
が大切です。ねん土玉がいくついるか、
どんな長さのひごが何本いるかがわか
るようになりましょう。

👑 22 まとめの テスト

❶ 三角形…⑦、⑦
四角形…⑦、⑦、⑤
❷ 長方形…⑦　正方形…⑦
直角三角形…⑦、⑦
❸ ①れい　　②れい　　③れい

❹ ①6こ　　②12本　　③8こ
❺ ①4こ　　②2こ　　③8本
❻ ⑦

🏠 **おうちの方へ** 直角、辺、ちょう点、
面などの新しいことばをおぼえ、しっか
りりかいすることが大切です。

👑 23 時こくと 時間

❶ ①8時　　　　②8時15分
③15分
❷ ①1　　②2　　③10
④3　　⑤15　　⑥60
⑦60
❸ ①20分　　　②10分
③15分　　　④8分
⑤30分　　　⑥44分
⑦52分　　　⑧10分
⑨30分　　　⑩40分

🏠 **おうちの方へ** まず、時計で時こくを
「何分」まできちんとよみとれているかを
かくにんしましょう。「時こく」は、時計
のはりがさしている「とき」のことをいい
ます。「時間」は、時こくと時こくの間の
長さのことをいいます。きちんとくべつ
しましょう。つぎに長いはりのうごきに
ちゅうもくします。長いはりが1目もり
うごく時間が1分であることをりかいし
ましょう。長いはりがどれだけうごいた
かで、時間がわかります。

❸ ⑧長いはりは10目もりうごいてい
　るので、10分です。

👑 24 時間と 分

❶ ①60　　　　②60
③1、30　　　④90
❷ ①60　　②70　　③90
④105　　⑤140　　⑥208
⑦1、30　　⑧2　　⑨3、45

❸ ①1時間

60分

②1時間20分

80分

③2時間

120分

④3時間

180分

⑤2時間45分

165分

❸ ②1時間20分は、1時間が60分
なので、60+20=80で80分
です。120分と答えるまちがい
がよく見られますのでちゅういし
ましょう。

👑 25 午前と　午後

❶ ①午前(ごぜん)、午後(ごご)

②正午(しょうご)

③午後(ごご)

④12、12、24

❷ ①午前7時　　　②午後3時

③午後9時

❸ ①12　　②12　　③24

❹ ①午前9、35　　②午前5、40

③午後6　　　④午後1、50

---

❹ ①長いはりが20分まわった時こく
を考えます。15+20=35で、
9時35分です。

②みじかいはりが、1時間だけ前に
もどった時こくです。長いはりは、
同じいちです。

👑 26 センチメートルの　長さ

❶ 5、5

❷ ①4cm　　　　②2cm

③10cm　　　④12cm

❸ ①2cm　②2cm　③3cm

④5cm　⑤5cm

⑥10cm　⑦10cm

❸ とちゅうからはかったときでも、
「1cmのいくつ分」と考えて、長さを
もとめます。

👑 27 ミリメートルの　長さ

❶ ②1、10

③たんい

❷ ①1mm　　　②5mm

③7mm　　　④10mm

⑤12mm　　⑥20mm

❸ ①7mm　②16mm　③20mm

④25mm　⑤34mm　⑥29mm

⑦17mm

❹ ①8mm　　　②12mm

③39 mm ④28 mm

🏠 **おうちの方へ** ものさしの1ばん小さい1目もりが1mmで、1mmがいくつ分かをよみとるようにします。じっさいにみのまわりのものをはかって、ものさしのつかい方になれましょう。

❹ ななめの線をはかることは、なれるまではむずかしいかもしれません。直線にものさしをあわせてはかることをしっかりみにつけましょう。

28 センチメートルと ミリメートル

❶ ①直線 ②10、30
③1、2 ④70、72
⑤8、8、2

❷ ①5cm5mm
55mm
②6cm2mm
62mm
③7cm3mm
73mm

❸ ①10 ②30
③100 ④1
⑤7 ⑥9
⑦57 ⑧125

❹ ①2cm9mm、29mm
②4cm1mm、41mm
③7cm6mm、76mm
④12cm4mm、124mm

🏠 **おうちの方へ** 1cm=10mmのかんけいがみにつくまで、何どもれんしゅうしましょう。

❹ ①2cmは20mmですから、2cm9mmは20+9=29で、29mmです。

④12cmは120mmです。

29 長さづくり

❶ ①
②
③
④
⑤
⑥
⑦
⑧

❷ （ものさしで はかって かくにんしましょう。）

❸ （ものさしで はかって かくにんしましょう。）

🏠 **おうちの方へ** ものさしをおさえて、直線をかくことは、さいしょはとてもむずかしくかんじるでしょう。何ども何ども線をひくことで、なれることが大切です。ものさしをしっかりおさえること、2つの点を直線でむすぶことをおぼえましょう。

❸ 長い直線をひくときは、ものさしの目じるしをりようしましょう。

30 長さの 計算

❶ ①7mm ②9cm ③6cm ④3mm
⑤2cm ⑥4cm

❷ ①6mm+7mm=13mm
=1cm3mm

②8mm＋9mm＝17mm
　　　　　　＝1cm7mm
③5mm＋6mm＝11mm
　　　　　　＝1cm1mm
④11cm　　　　⑤13cm
⑥9cm2mm
⑦1cm－3mm＝10mm－3mm
　　　　　　＝7mm
⑧1cm4mm－9mm
　＝14mm－9mm
　＝5mm
⑨2cm6mm－7mm
　＝26mm－7mm＝19mm
　＝1cm9mm

❸ ①3cm5mm　　②7cm9mm
　③8cm8mm　　④9cm4mm
　⑤1cm2mm　　⑥3cm1mm
　⑦1cm　　　　⑧6cm
　⑨5mm　　　　⑩2mm
　⑪4cm

❹ ①1cm8mm＋1cm5mm
　＝2cm13mm
　＝3cm3mm
　②4cm6mm＋2cm8mm
　＝6cm14mm＝7cm4mm
　③6cm7mm－3cm8mm
　＝67mm－38mm＝29mm
　＝2cm9mm
　④1cm5mm－9mm
　＝15mm－9mm＝6mm

👪おうちの方へ 長さ(なが)の計算(けいさん)では、cm
は cm、mm は mm どうしで計算するよ
うにします。たくさんれんしゅうし、長
さの計算になれましょう。

❷ ①6mm＋7mm＝13mm となりま
　すが、10mm が1cm なので、答(こた)
　えは1cm3mm とします。
　⑦たんいを mm にそろえて計算し
　ます。
　⑧、⑨mm のところのひき算がで
　ないので、cm から1だけくり下
　げて計算します。1cm4mm は
　14mm、2cm6mm は1cm16mm
　となおして計算してもよいです。
❹ ①同(おな)じたんいどうしをたし算すると、
　2cm13mm となりますが、
　10mm＝1cm なので、13mm を
　10mm と3mm に分(わ)け、cm へ1
　くり上げます。

👑**31** **100cm を こえる 長さ①**

❶ ①100　　　　②1、30
　③150
❷ ①100　　　　②120
　③1、60　　　④174
　⑤1、18　　　⑥102
　⑦1、5
❸ ①1m20cm　　120cm
　②1m45cm　　145cm
　③1m60cm　　160cm
　④1m80cm　　180cm
　⑤1m91cm　　191cm

👪おうちの方へ　1m は1cm が100こ
あつまったものだということを、しっか
りおぼえることが大切(たいせつ)です。1m のじょ
うぎやメジャーなどをつかって、みのま
わりのものをはかってみましょう。

92

② ⑥ 1 m 2 cm を 120 cm としてしま
うまちがいが多く見られるので気
をつけましょう。
⑦ 105 cm を 1 m 50 cm としない
ように気をつけましょう。

32 100 cm を こえる 長さ②

❶ ①m ②cm ③m
④m ⑤mm ⑥m

❷ ① 1 m 40 cm ② 125 cm
③ 1 m 60 cm ④ 150 cm
⑤ 1 m 21 cm ⑥ 118 cm
⑦ 105 cm ⑧ 142 cm

❸ ① 1 m 50 cm ② 1 m 90 cm
③ 1 m 73 cm ④ 1 m 15 cm
⑤ 90 cm+45 cm=135 cm=1 m 35 cm
⑥ 1 m 92 cm
⑦ 1 m 80 cm+62 cm=1 m 142 cm=2 m 42 cm
⑧ 1 m ⑨ 1 m 10 cm
⑩ 1 m 45 cm ⑪ 1 m 60 cm
⑫ 1 m 80 cm
⑬ 1 m 54 cm−62 cm=154 cm−62 cm=92 cm

🏠 **おうちの方へ** 長さをはかるときに、
いろいろなたんいであらわせるようにし
ましょう。
❶ ①数字にたんいをつけたものと、
じっさいの長さをくらべて考えま
す。よこの長さが 3 mm や 3 cm
のすな場はありません。
❷ ①たんいをどちらかにそろえて考え
ます。1 m 40 cm は 140 cm です。
130 cm を 1 m 30 cm となおし
て考えてもよいでしょう。
❸ m と cm がまじった計算では、m は
m、cm は cm どうし計算するように
します。

33 水の かさ

❶ 2

❷ ① 2 L ② 3 L
③ 6 L ④ 4 L
⑤ 8 L ⑥ 10 L

❸ 10

❹ ① 3 dL ② 4 dL
③ 3 dL ④ 7 dL

❺ ① 1 L 3 dL ② 2 L 2 dL
③ 3 L 1 dL ④ 1 L 6 dL
⑤ 2 L 5 dL ⑥ 3 L 4 dL
⑦ 7 L 1 dL

🏠 **おうちの方へ** dL は生活の中ではあ
まりつかわれないたんいですので、みに
つきにくいようです。何どもれんしゅう
して、なれるようにしましょう。
❹ ③ 1 L を 10 こに分けた目もりの 3
つ分まではいっているので、3 dL
です。

34 かさの 計算

❶ ① 10 ② 12
③ 16 ④ 17
⑤ 19 ⑥ 20
⑦ 21 ⑧ 23
⑨ 30 ⑩ 34
⑪ 1 ⑫ 1、1
⑬ 1、9 ⑭ 2
⑮ 2、4 ⑯ 2、8
⑰ 4 ⑱ 4、7

❷ ①＞ ②＜ ③＞ ④＞

❸
① 1L7dL
② 1L7dL
③ 1L8dL
④ 1L5dL+5dL
  =1L10dL=2L
⑤ 1L3dL+7dL
  =1L10dL=2L
⑥ 2L8dL
⑦ 2L5dL
⑧ 2L3dL+8dL
  =2L11dL=3L1dL
⑨ 2L7dL
⑩ 2L5dL+5dL
  =2L10dL=3L
⑪ 2L6dL+9dL
  =2L15dL=3L5dL
⑫ 4L2dL
⑬ 3L7dL+5dL
  =3L12dL=4L2dL
⑭ 1L
⑮ 1L5dL
⑯ 1L5dL
⑰ 1L7dL
⑱ 2L3dL−4dL
  =23dL−4dL
  =19dL=1L9dL
⑲ 1L8dL
⑳ 2L5dL
㉑ 3L
㉒ 2L7dL
㉓ 1L7dL
㉔ 4L3dL−7dL
  =43dL−7dL
  =36dL=3L6dL
㉕ 2L8dL
㉖ 3L9dL

🏠 **おうちの方へ** 1L=10dL のかんけいをしっかりおぼえましょう。

❷ たんいをどちらかにそろえてくらべます。
① 12dL を L のたんいで表すと、1L2dL です。たんいを dL にそろえてもよいでしょう。
③ 4L8dL は 48dL です。

❸ かさの計算も、同じたんいどうしを計算します。

🐰35 ミリリットルの かさ

❶ 10、100、1000

❷
① 1000 mL
② 2000 mL
③ 1200 mL
④ 400 mL

❸
① 7
② 3
③ 9000
④ 2、4
⑤ 1600

❹
① <
② >
③ >
④ >
⑤ <
⑥ <

❺
① L
② mL
③ dL
④ mL

🏠 **おうちの方へ** 1000 mL の牛にゅうパックが 1L であること、2000 mL のペットボトルが 2L であることなど日じょう生活の中で、かさについてのりかいをふかめましょう。

❸ dL を L や mL になおすばめんで、まちがいが見られます。1dL=100 mL のかんけいをしっかりおぼえましょう。

❹ たんいをどちらかにそろえて考えます。
① 1L は 1000 mL ですから、2L は 2000 mL です。
② 70 dL は 7L です。6L を 60 dL となおしてもよいでしょう。

❺ どのたんいをよくつかうか考えます。
① 大きいペットボトルは、2 dL や 2 mL ではおかしいことに気がつきましょう。

36 ひょうと グラフ

1 ①

すきなあそび	ボールなげ	ぬり絵	あやとり	おにごっこ	一りん車	おり紙
人数(人)	5	5	7	3	6	2

②

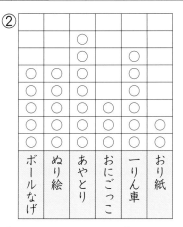

③あやとり　　④おり紙

2 ①

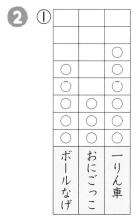

②一りん車　　　③おにごっこ
④ボールなげ(が)2人(多い。)

🏠 **おうちの方へ**　しらべたことをせいりして、ひょうやグラフにまとめることができるようにしましょう。数えおわったものは線でけしていくなど数え方のくふうもおぼえましょう。
　○でグラフにあらわすことや、グラフからよみとることは、3年生のぼうグラフの学しゅうにつながりますので、しっかりりかいしておきましょう。

37 まとめの テスト

1 ①20分　　　②1時間10分
2 7cm2mm、72mm
3 ①140　　　②28、9
　　③1、26　　④10、1000
　　⑤2
4 ①1L3dL　　②3L5dL
5 ①

どうぶつのしゅるい	パンダ	さる	うさぎ	ぞう
まい数(まい)	7	4	5	2

②

パンダ	さる	うさぎ	ぞう
○			
○			
○		○	
○	○	○	
○	○	○	
○	○	○	○
○	○	○	○

③パンダ　　　　④ぞう
⑤2まい　⑥さる(が)2まい(多い。)

🏠 **おうちの方へ**　時間、長さ、かさについてのもんだいです。どれもじっさいの生活の中でつかいながら、なれていきましょう。しらべたことをせいりして、ひょうやグラフにまとめることができるようにしましょう。数えおわったものは線でけしていくなど数え方のくふうもおぼえましょう。

👑 38 しあげの テスト1

1 ①584 　　②4032

2 ①1000 　　②420
　 ③10000 　 ④7329
　 ⑤8604

3 ①25分 　　②20分

4 ①5cm4mm
　 ②7cm8mm

5 ①59 　　　②340
　 ③12 　　　④2600

6 三角形…①、⑦
　 四角形…⑦、①、⑦

7 ①いぬ 　②コアラ 　③くま

おうちの方へ **1**、**2** 大きな数は、くらいにちゅういしてあらわしましょう。
5 長さのたんい「m」、「cm」、「mm」、かさのたんい「L」、「dL」、「mL」のかんけいはしっかりみにつくまでふくしゅうしましょう。
7 グラフからさまざまなことをよみとる力をつけましょう。

👑 39 しあげの テスト2

1 ①680
　 ②98
　 ③78
　 ④9640、9750

2 9078、8970、8907、8790、8097

3 ⑤

4 午前10、45

---

5 ①2cm9mm 　　②1m50cm
　 ③2L5dL+7dL=2L12dL=3L2dL
　 ④1L3dL−8dL=13dL−8dL=5dL

6 ①2L4dL 　　②3L8dL

7 長方形…⑦、⑦ 　正方形…⑦
　 直角三角形…⑨

8 ①6こ 　②12本 　③8こ

おうちの方へ **1** 大きな数は、「100がいくつ、10がいくつ、1がいくつ…」と考えられるようにしましょう。
5 長さの計算では、同じたんいどうしを計算することをおぼえましょう。

👑 40 3年生の べんきょう

★**1** 22643

★**2** ①38561
　　②52307

★**3** (上から じゅんに) 1000
　 ①km ②km ③km
　 1(km)
　 1(km)300(m)

おうちの方へ 3年生で学しゅうするないようを、しょうかいしています。いままでに学んだことをもとにして、ちょうせんしてみましょう。
★**1**、★**2** 3年生でならう大きな数をしょうかいしています。
★**3** 3年生でならう長い長さのたんいであるkmをしょうかいしています。